स्वप्नचौर्य

निरंजन घाटे

मेहता पब्लिशिंग हाऊस

© +91 020-24476924 / 24460313
Email : production@mehtapublishinghouse.com
Website : www.mehtapublishinghouse.com

◆ *या पुस्तकातील लेखकाची मते, घटना, वर्णने ही त्या लेखकाची असून त्याच्याशी प्रकाशक सहमत असतीलच असे नाही.*

SWAPNACHOURYA by Niranjan Ghate

स्वप्नचौर्य : निरंजन घाटे / विज्ञानकथा

© निरंजन घाटे

Email : author@mehtapublishinghouse.com

प्रकाशक   : सुनील अनिल मेहता, मेहता पब्लिशिंग हाऊस,
                   १९४१, सदाशिव पेठ, माडीवाले कॉलनी, पुणे – ४११ ०३०

अक्षरजुळणी : पीसी-नेट, नारायण पेठ, पुणे – ४११ ०३०

प्रकाशनकाल : जुलै, २०१० / पुनर्मुद्रण : जानेवारी, २०२०

मुखपृष्ठ   : देविदास पेशवे

P Book ISBN 9788184981339
E Book ISBN 9789353170745
E Books available on : play.google.com/store/books
www.amazon.in

मनोगत

विज्ञानकथेचा हेतू काय? असा प्रश्न बरेचदा परिसंवादात भाग घेताना मला विचारला जातो. मी तरी कुठलाही हेतू डोळ्यासमोर ठेवून विज्ञानकथा लिहीत नाही. विज्ञान-तंत्रज्ञानाची भरधाव प्रगती होत असताना, त्यातून बरेच नैतिक, सामाजिक आणि वैयक्तिक प्रश्न निर्माण होण्याची शक्यता आहे; हे सत्य मला खुणावत असतं. आजही असे प्रश्न आपल्यापुढं उभे राहात आहेतच. त्यातल्या गुंतागुंतीची उकल मोठमोठ्या विद्वत्तापूर्ण निबंधांच्या साहाय्यानं केलीही जात असते, पण सर्वसाधारण वाचकाला या प्रश्नांची माहिती होण्याचं कार्य अहेतुकपणे का होईना विज्ञानकथेच्या साहाय्यानं होऊ शकतं, असं मला वाटतं. मात्र विज्ञानकथेचा तेवढाच एकमेव हेतू असू शकत नाही. अलिकडे नव्या पिढीसमोर नवनवे प्रश्न विज्ञान-तंत्रज्ञान नव्यानं उभे करीत आहेत. त्यातले काही प्रश्न मला कथाबीज पुरवून जातात. विचार करता करता, त्यावर कथा उभी राहते. ज्या काळात घराघरात आणि जीवनाच्या प्रत्येक कोपऱ्यात विज्ञान-तंत्रज्ञान शिरतंय त्या काळातही मूलभूत मानवी भावना मात्र आदिमानव काळापासूनच चालत आलेल्या आहेत, हेही आपण विसरू शकत नाही. मानवी उत्क्रांती ही एक वेळखाऊ प्रक्रिया आहे तर विज्ञान-तंत्रज्ञानाची प्रगती जलद गती आहे तेव्हा या दोहोंमध्ये झगडा होणं अपरिहार्य आहे, हे विज्ञानकथा वाचताना विसरून चालणार नाही, याची जाणीव करून देणं इथं अपरिहार्य ठरतं.

निरंजन घाटे

तीन

अनुक्रमणिका

पराभूत

काही-काही वेळा आपल्याला काही प्रश्न पडतात. ते प्रश्न असे असतात, की त्यांची सोडवणूक आपण करायची असते. त्या प्रश्नांची उत्तरं दुसऱ्याच्या मदतीनं मिळवणं केवळ अशक्य असतं. याचं कारण प्रश्नच असा असतो, की तो दुसऱ्याला ऐकवायला आपलं मन धजत नसतं. आपण कितीही धाडसी असलो, कितीही खंबीर असलो, कितीही संकटांना वेळोवेळी तोंड दिलेलं असलं तरी एखादा असा प्रश्न असतो, की त्याला आपल्याजवळ उत्तर तर नसतं, पण दुसऱ्याची मदत घेणंही अवघड भासू लागतं.

तिचं असंच झालं होतं. तिच्या मनातही कधी शंका आली नसेल, अशा परिस्थितीस तिला सामोरं जावं लागत होतं. किंबहुना आयुष्यात अनेक अतर्क्य अनुभवांना सामोरं गेलेल्या तिच्या मैत्रिणी तिला ठाऊक होत्या. आलेल्या संकटांवर मात करण्यासाठी त्यांनी हिला मदतीची हाक दिली होती. मैत्रीला जागून तिनं त्या हाकेला 'ओऽऽ' ही दिली होती. अशा परिस्थितीत आज ती मात्र कुणालाही मदतीसाठी बोलवू शकत नव्हती म्हणजे तिची मनोमन खात्री होती, की आपल्या हाकेला कुणी प्रतिसाद देणार नाही किंवा तिची तिलाच अशी हाक मारायची इच्छा होत नव्हती. ती बरेचदा उठून फोनच्या दिशेनं पुढं सरकायची. फोन उचलायची, मैत्रिणीचा नंबर फिरवायची. तिकडं रिंग वाजली की अवसानघात झाल्याप्रमाणं फोन ठेवून द्यायची.

तिची एक अगदी जवळची, जिवाभावाची मैत्रीण होती. अमेरिकेत राहात होती. महिन्या-दोन महिन्यांनी तिचा फोनही यायचा. इकडे यायची असली, तर तुझ्यासाठी काय आणू विचारायची. तिचा फोन आला होता. इकडच्या-तिकडच्या गप्पा झाल्या. तिला आपली समस्या सांगावी असंही तिच्या मनात आलं, मग ती म्हणाली, 'अगं, तुला एक सांगायचंय....!' मग तिनं सांगितलंच नव्हतं. वेगळाच

विषय काढला आणि ती मग काही बोललीच नाही, म्हणजे बोलली खूप; पण निरर्थक!

हे असंच चाललं होतं. तिला लवकरच निर्णय घ्यावा लागणार होताच. बरेचदा तिला वाटायचं, की आपल्या मनातले विचार निरर्थक आहेत. आपण सोडलं तर इतर कुणालाही ते हास्यास्पदही वाटतील. आजकालच्या जमान्यात असल्या किरकोळ गोष्टींना... त्या गोष्टी खरं तर किरकोळ होत्या का? हा एक वेगळाच प्रश्न होता. त्याचा निकाल तरी कसा लागणार हा पुन्हा मुद्दा होताच. चर्चा तरी कशी आणि कुणाशी करणार? ती विचारातून बाहेर आली. हा निर्णय आपण घ्यायचा आणि आपणच कळवायचा असा तिनं निश्चय केला. तिलाही स्वत:चं आयुष्य होतं. त्यांनी जे केलं ते त्यांच्या स्वार्थासाठीच केलं होतं, असं कसं म्हणता येईल, हा प्रश्न मात्र तिला सुटत नव्हता. त्यांनी तिच्यावर अपार प्रेम केलं होतं खरं, पण तो बळजबरीचा राम-राम असं तिला वाटत असे. म्हणजे तिच्या दृष्टीनं त्यांनी दिलेल्या भेटी हा बळजबरीवर चढवलेला मुलामा होता. तिनं त्यांच्याशी ज्या असाहाय अवस्थेत लग्न केलं होतं, त्या परिस्थितीची त्यांना कल्पना होतीच. ही आता आपल्याला नकार देणं शक्य नाही याची खात्री झाल्यावरच तर त्यांनी तिला मागणी घातली होती. कदाचित परिस्थितीच तशी निर्माण व्हावी, याची व्यवस्था त्यांनीच तर निर्माण केली नसेल? अशी तिला फार काळ शंका येत होती, पण शंका निरसन करून घ्यायच्या भानगडीत ती पडली नव्हती.

खरं तर तिनं लग्नाचा निर्णय उघड्या डोळ्यांनी घेतलेला होता, अगदी सर्वांशी चर्चा करून! मोहनसमोरही तिनं सर्व सत्य अगदी उघड्या-नागड्या स्वरूपात मांडलं होतं. कुठंतरी तिच्या मनानं तिला सावधगिरीचा इशाराही दिला होता. आपण जर या लग्नाला नकार दिला तर ते आपल्याबरोबर मोहनच्या आयुष्याचंही वाटोळं करतील. ते वरकरणी अगदी सज्जन वाटत होते, अतिशय गोड बोलत होते, पण त्यांच्या विरोधकांचे त्यांनी जे हाल केले होते त्याबद्दलची थोडी-फार कुजबुज तिनं ऐकली होतीच. शिवाय ज्याअर्थी ती ज्या परिस्थितीत होती त्याची जर त्यांना एवढी इत्थंभूत माहिती होती, त्याअर्थी मोहन आणि तिच्यातील भेटीगाठी त्यांना माहीत असणारच, याचीही तिला कुठंतरी मनातून खात्री वाटत होती.

समजा, तिनं त्यांना झुगारून दिलं आणि मोहनशी लग्न केलंच तर? मोहनला अपघात घडण्याची शक्यता होती, त्याची नोकरी जाण्याची, त्याच्यावर खोटेनाटे आरोप होण्याची आणि तो तुरुंगात जाण्याची शक्यताही नाकारता येत नव्हतीच. 'एव्हरी एम्पायर इज बिल्ट ऑन क्राईम' असं मारियो पुझोनं गॉडफादरमध्ये लिहिलं होतं. 'इफ सच ऑन एम्पायर इज टू श्राईव्ह, इट हॅज टू कंटिन्यू डॉबलिंग इन क्राईम' असं त्यांनी सहज बोलता-बोलता तिला ऐकवलं होतं. श्रीमंती जर गुन्ह्यावर

आधारित असेल; आणि बहुधा तशी ती असतेच, तर ती टिकवण्यासाठीही गुन्हे करावे लागतात. गुन्हा आला, की क्रौर्य अंगीकारणं आलंच. त्यांनी तिला सुनावलं होतं, मगच लग्नाची इच्छा बोलून दाखवली होती. त्यांचं बोलणं अगदी सौम्य, सौजन्यपूर्ण होतं. त्यांच्या मागणीच्या आधीच्या किंवा मागणीनंतरच्या आर्जवी आणि लाघवी बोलण्याला धमकी असं ती म्हणाली असती तर लोक तिला हसलेच असते. पण तिच्या मते त्यातून दुसरा अर्थ निघत नव्हता. बरं, याबद्दल तक्रार तरी कुणाकडे करायची?

ती साहित्य वाचत होती. आई मैत्रिणीपेक्षाही जवळची असते हे तिनं वाचलं होतं. मग तिच्यासमोर तिची आई यायची. ज्या काळात मॅट्रिक म्हणजे खूप शिक्षण झालं असं म्हटलं जायचं त्या काळात तिची आई चक्क पदवी मिळवून बसली होती. त्यांच्या समाजात तिनं पदवी मिळवल्यानं गहजब माजला होता. जिथं मुलं मॅट्रिक झाल्यावर नोकरीला लागतात तिथं या पदवीधर मुलीला मुलगा कुठून मिळणार? आपल्यापेक्षा कमी शिकलेल्या मुलाशी आईनं लग्न करायचं नाकारलं होतं. मुंबईला बदली झाल्यावर ती स्वीकारली होती. पदवीधर, नोकरी करणारी आणि एकट्यानं मुंबईत राहणारी म्हटल्यावर तिचं लग्न होणंच शक्य नाही, ही घरच्यांची खात्री झाली होती. आईनंच तिला एकदा सांगितलं होतं हे.

आईनं स्पष्ट सांगितलं नसलं तरी आई एकटी राहताना तिला त्रास झाला होता हे तिच्या बोलण्यातून ध्वनित होत होतं. तिला त्रास देणाऱ्या पुरुषांबरोबर स्त्रियाही होत्याच. आईला बढती मिळाली, की विशेषत: या स्त्रियांच्या बोलण्याला धार यायची. दरम्यान रोज बसमध्ये भेटणाऱ्या आईपेक्षा दहा-बारा वर्षांनी मोठ्या असलेल्या बाबांची आईशी ओळख झाली. त्यांनी लग्न केलं. आई सुखी झाली. इतकी, की मागचा सर्व त्रास विसरली. निवृत्तीला आल्यावर तिनं एकदा हसत, गंमत म्हणून हे सर्व तिच्या या लाडक्या मुलीला सांगितलं होतं. त्या आईला तरी विश्वासात घेता येईल का? याचा ती आता विचार करू लागली होती. तेवढ्यात बाबा गेले. बाबा जाणारच होते. त्यांच्या मृत्यूचा धक्का तिला सहन झालेलाच नव्हता, पण नंतर हे असं घडेल याची तरी कुणाला कल्पना होती?

तिच्या आयुष्याविषयी कसलीही कल्पना करून घ्यायचं तिनं केव्हाच बंद केलं होतं. म्हणजे मोहनची आणि तिची अखेरची भेट झाली त्या दिवशीच तिनं जीवनातली अनेक कवाडं कायमची बंद केलेली होती. ती भेट तशी म्हटलं तर धक्कादायक नाही तरी अतिव्यावहारिक ठरली होती.

'मला तुला काही सांगायचंय!' दोघंही जवळजवळ एकदमच म्हणाले होते. मग बराच वेळ दोघंही गप्प बसले होते शब्दांची जुळवाजुळव करीत, मग तिनंच सुरुवात केली. मोहनला त्यांनी घातलेल्या मागणीची माहिती दिली. तिच्या कानावर

ज्यांना धमक्या म्हणता येणार नाहीत अशा त्यांच्या बोलण्याची माहिती दिली. त्यामुळं काय करावं, हे कसं सुचत नाही हेही सांगितलं. मोहन हसला. 'हे बघ!' त्यानं तिला ते पत्र दाखवलं. मोहनला एका मोठ्या कारखान्यात नोकरी दिल्याचं पत्र होतं ते. मोहनलाही ते भेटले होते. त्याला त्यांनी बरेच पैसे आणि नवी नोकरी देऊ केली होती नाहीतर मोहनपुढे एका दुर्दैवाचे दशावतार पाहणाऱ्या तरुणाचं चित्र उभं केलं होतं. याक्षणीही त्यांचे दूत आपल्यावर पहारा करीत असतील, हे दोघांनीही एकमेकांना बोलून दाखवलं होतंच. त्या दोघांचीही त्याबद्दल खात्री झाली होती. आयुष्य म्हणजे काल्पनिक कादंबरी किंवा चित्रपट नव्हे असं त्यांनी मान्य केलं होतं आणि एकमेकांचा कायमचा निरोप घेतला होता. त्याआधी त्यांनी एकदा कुणालाही कळणार नाही याची काळजी घेत फक्त चिट्ठ्या लिहून एक अखेरची भेट घेतली होती. लग्न न करताच हनीमूनची मजा चाखली होती. ती काळजी योग्यच ठरली होती. तिच्या पर्समध्ये त्यांनी एक ट्रान्समिटर ठेवला होता, त्यामुळे ती कुठेही गेली तरी ते त्यांच्या दूताला कळत होतं, पण ती पर्सच घरात ठेवून ती मोकळ्या हातानं बाहेर पडली होती. त्यांचा दूत तिच्या घराबाहेर निवांत पहारा करीत होता.

मोहन निघून गेला. त्यांनी तिच्याशी रीतसर लग्न लावलं. ती त्यांच्या अफाट आर्थिक साम्राज्याची सम्राज्ञी बनली होती. लग्नानंतर बाळंतपण! तिचा मुलगा अगदी तिच्या चेहऱ्या-मोहऱ्याचा होता. त्यात कुठं मोहनचा अंश दिसतो का हे पाहण्याचा तिचा चाळा मरेपर्यंत चालू होता. मुलगा दहा वर्षांचा असताना तिचं निधन झालं तेव्हा सारेच हळहळले होते. तसं ती एकाएकी जाईल असं कुणालाही वाटलं नव्हतं. निमित्त अगदी क्षुल्लक होतं. ताप भरतो काय, ती कोमात जाते काय आणि शुद्धीवर न येताच मरते काय, सगळंच झटपट. हांऽऽ हांऽऽ म्हणेपर्यंत खेळ खल्लास. खरं तर त्यांच्या पैशानं जगातली सर्व वैद्यकीय मदत उपलब्ध होणं शक्य होतं, पण ते घडायचं नव्हतं. एकदा वेळ आली, की आली. खरं तरी ती त्यांच्या स्टड फार्मवर आराम करायला गेलेली होती. मोकळ्या रानात हिंडणारे घोडे पहावेत, त्यांना दौडवणारे स्वार पहावेत, बागेत जमणारे पक्षी पहावेत, जवळच्या पोल्ट्रीफार्मवरून येणारे सुंदर आणि चविष्ट पदार्थ खावेत, वेळ मजेत घालवावा यासाठी ती इथं आली होती.

अनेक बोर्ड मीटिंग, चॅरिटेबल फंक्शन्स, अनाथालयं-वृद्धाश्रमांना देणग्या, त्याचे फोटो यांचा तिला कधी-कधी उबग येई. अशावेळी ती गर्दीपासून दूर जायला म्हणून इथे येत असे. ती कधीच घोड्यावर बसायला शिकली नव्हती. तिचं अश्वप्रेम तसं दुरूनच होतं. एखाद्या घोडीला साखरेचे चौकोनी तुकडे– क्यूब्ज खायला घालणं यापलीकडे ती या प्राण्यांच्या जवळ गेलीच नव्हती, पण या वातावरणात

एखाद्या वृक्षाखाली आरामखुर्चीत बसून वाचन करणं आणि आळसात वेळ घालवणं तिला आवडत होतं. इथं मेकअप करून नाटकी वागावं लागत नव्हतं. पशु-पक्षी त्यांच्या त्यांच्या मर्जीनं आणि ती तिच्या मर्जीनं वागत होती. त्या दिवशी नुकत्याच जन्मलेल्या एका घोड्याच्या पिल्लाला ती थोपटत होती. कशी कोण जाणे ती तोल जाऊन पडली, त्यामुळं ते शिंगरू बिथरलं. त्याची लाथ तिच्या डोक्यात बसली. चार तासानं डॉक्टर तिथं पोहोचेपर्यंत तिचे प्राण गेलेले होते. त्या क्षणापासून जे काही घडलं ते अजूनही तिला नीटसं उमगलेलं नव्हतं. बरीचशी माहिती तर ऐकीवच होती.

ती शुद्धीवर आलीच नव्हती. तिच्या त्या आठवणीही अगदी पुसट होत्या. एखादी वस्तू, जागा, संभाषणाचा तुकडा कानावर पडणे, अशा घटनांचे वेळी हे आपण पूर्वी कधीतरी ऐकलंय, बघितलंय, अनुभवलंय असं वाटायचं आणि मग ते नाहीसं व्हायचं, मग चुटपुट लागून राहायची, अस्वस्थ व्हायला व्हायचं. लहानपणापासून किंवा या देहाच्या अस्तित्वापासून हे जाणवू लागलं होतं. तिच्या शिक्षणाची त्यांनी अप्रतिम सोय केली होती. नामवंत प्राध्यापकांनी तिला विविध विषयांचं ज्ञान दिलं होतं. त्याचबरोबर तिच्या पुनर्जन्माचं रहस्यही समजावून दिलं होतं. त्यांच्या मते, तिचा अभ्यास करायला मिळणं हीच त्या संशोधकांना मिळालेली एक आगळी-वेगळी आणि अद्वितीय संधी होती.

त्यांच्या पैशाला काय असाध्य होतं. 'विद्येनेच मनुष्या आले, श्रेष्ठत्व या जगामाजी. न दिसे एकही वस्तू, विद्येनेही असाध्य आहे जी।।' अशी एक आर्या आहे त्यात बदल न करता पुढं ही विद्या धनानं विकत घेता येते, अशी ओळ टाकली असती तर तिच्या पुनर्जन्माचं कोडं नक्कीच उलगडलं असतं. तिला ते हळूहळू समजून घ्यावं लागलं होतं. तिच्या मृत्यूची बातमी त्यांच्या कानावर गेली. नेहमीप्रमाणेच तोल ढळू न देता त्यांनी ती ऐकून घेतली, मग त्यांनी भराभर वेगवेगळ्या संशोधन संस्थांशी संपर्क साधला. यातल्या अनेक संस्थांना त्यांनी नवे संशोधन विभाग उभारायला वेळोवेळी देणग्याही दिलेल्या असल्यानं त्यांचं काम सोपं झालं होतं. त्यांनी अनेक चाकांना नव्यानं आर्थिक वंगण घालायची शक्यता वर्तवताच तीही चाकं भराभरा फिरू लागली. सर्व तयारी झाली. खरं तर याला फार वेळ लागला नव्हता याचं एक वेगळंच कारण होतं. आपल्या बाबतीत असं काही घडेल त्यावेळी स्वत:साठी काही करता येईल का ही शक्यता त्यांनी या संशोधनाला, आयन विल्मुटनी डॉलीच्या रूपानं मूर्त स्वरूप दिलं त्यावेळीच आजमावयास सुरुवात केली होती. अशा संशोधनात गुंतलेल्या वेगवेगळ्या शास्त्रज्ञांशी संपर्क साधले होते. अनुदानं दिली होती, याशिवाय जे शास्त्रज्ञ मळलेली वाट सोडून इतरांच्या दृष्टीनं वाममार्गास लागले होते त्यांच्याशीही संपर्क साधून त्यांनी काही वेळा स्वत: त्यांची

भेटही घेतली होती.

'माणूस ठरवतो आणि देव बिघडवतो', अशा अर्थाची एक इंग्रजी म्हण आहे. रॉबर्ट बर्न्स नावाच्या कवीनं 'बेस्ट लेड प्लॅन्स ऑफ माईस अँड मेन' हे कसे फिसकटतात आणि त्यातून दुःख कसं जन्माला येऊ शकतं अशा अर्थाची एक कविता लिहिली आहे. इथं अगदी तसंच घडलं, मात्र त्यांनी स्वतःसाठी जी पूर्वतयारी केली होती ती हिच्यासाठी उपयोगी पडली होती. तिच्या आवश्यक त्या पेशी काढून घेऊन मगच तिच्या मृतदेहाचं दहन करण्यात आलं होतं. अनेक मान्यवरांनी, शास्त्रज्ञांनी निषेध करूनही तिचं क्लोनिंग करण्यात आलं होतं. त्यासाठी गर्भाशय भाड्यानं घेण्याचीही व्यवस्था झाली होती. अशा तऱ्हेनं तिचा पुनर्जन्म व्हायला तेच कारणीभूत ठरले होते. आता तर त्यांची तिच्यावर पूर्ण मालकी प्रस्थापित झाली होती.

ती कळू लागल्यावर माहेरी गेली होती. तिनं आईशी गप्पा मारल्या होत्या. त्यांच्या शास्त्रज्ञांनी कितीही प्रयत्न केले तरी तिच्या वाढीस वेळ लागत होताच. क्लोनिंग केलं तरी गर्भाची वाढ व्हायचे निसर्गनियम बदलणं मानवाला अजून शक्य झालं नव्हतं. फरक एवढाच होता, की या जन्माला तिला दोन आई प्राप्त झाल्या होत्या. एक तिची मूळ आई आणि दुसरी ज्या स्त्रीच्या शरीरात तिच्या मूळ देहाच्या पेशी वाढवण्यात आल्या होत्या ती या जन्मीची आई. तिचं शिक्षण सुरूच होतं. दोन मानसशास्त्र विषयाचे तज्ज्ञ अभ्यासक, एक मानसोपचार तज्ज्ञ, इतर अनेक वैद्यकतज्ज्ञ तिची काळजी घेत होते. शरीरशास्त्रदृष्ट्या ती वयात येणार होती. ती कायद्यानं या जन्मात सज्ञान झाली तेव्हा तिनं एक वेगळाच निश्चय मनाशी केला होता. त्या संबंधातच कुणाशी विचारविनिमय करावा हे तिला सुचत नव्हतं. त्यामुळंच ती विचलित झालेली होती.

ती त्यांना भेटत होती. प्रत्येक भेटीत तिच्या मनात संमिश्र भावनांचा कल्लोळ उडत होता. एकीकडं आपल्याला त्यांनी पुन्हा निर्माण केलं, मरणातून उठवून पुनर्जन्म दिला याबद्दल कुठंतरी कृतज्ञता होतीच. त्याचबरोबर 'का उठवलं' हा प्रश्नही मधूनच डोकं वर काढत होता. तिनं कितीही ठरवलं तरी मोहनला विसरू शकलेली नव्हती. बरेचदा हे असं जगण्यापेक्षा मरून जावं, अशा अर्थाचे विचार त्या आयुष्यात तिच्या मनात आलेले होतेच. त्यांच्याशी लग्न झाल्यानंतर तीही सत्ताधीश बनली होती. त्याचा फायदा घेऊन तिनं पहिली पाच वर्षे लोटल्यानंतरच्या काळात मोहनचा पत्ता काढायला सुरुवात केली होती. त्यांनंही भरपूर पैसा कमावला होता. तो यांच्याइतका श्रीमंत नव्हता. त्याला आर्थिक साम्राज्य निर्माण करणं शक्य झालेलं नसलं तरीही त्याची श्रीमंत व्यक्तींत गणना होऊ लागली होती. त्यानं तिच्या मृत्यूनंतर लग्न केलं होतं, असं तिला अलीकडेच कळलं होतं. त्यामुळंच तिचं चित्त खरं तर विचलित झालं होतं. तो तिच्या मृत्यूची बातमी कळेपर्यंत तिच्या

स्मृतींशी प्रामाणिक राहिला होता, मगच त्यानं लग्न केलं होतं. यामुळंच काय करावं हे तिला सुचत नव्हतं.

प्रथम आपण पळून मोहनकडं जावं आणि त्याच्यापुढं लग्नाचा प्रस्ताव ठेवावा असं तिनं ठरवलं होतं. मोहनचं लग्न झालंय हे लक्षात आल्यावर मात्र 'तो काय करील? एका स्त्रीचा संसार आपण उद्ध्वस्त करावा का?' असे अनेक विचार तिच्या मनात येऊ लागले होते. समजा, आपण पळून गेलो आणि त्यांनं, 'नाही, आता तुझा स्वीकार करणं शक्य नाही', असं म्हटलं तर? किंवा समजा त्यानं 'लग्न करता येणार नाही, तू अशीच माझ्याबरोबर रहा!' असं म्हटलं तर? आणि समजा अगदी लग्न करायचं ठरलं तरी त्याला घटस्फोट घ्यावा लागणार होताच. त्या मधल्या काळात काय करायचं? त्यांचे दूत सजग असणार, त्यांची प्रतिक्रिया कशी असेल? मोहन त्यांना तोंड देण्याएवढा सामर्थ्यशाली आज तरी आहे का? तेव्हा त्याच्याकडे तारुण्य होतं तरी त्यानं लढायचं नाकारलं होतं. त्याला कारणंही तशीच होती, नाही असं नाही, मुख्य म्हणजे तिची लढायची तयारी नव्हती. आता सुख-संपत्ती हाती असताना तर मोहन व्यवहार सोडेल, असा खुळा आशावाद बाळगण्यात काय अर्थ होता?

अखेरीस तिनं मनाशी निश्चय केला. ती आता कायद्यानं सज्ञान होतीच. तिनं मोहनशी संपर्क साधला. ह्यावेळी तिनं खूप सावधगिरी बाळगली होती. मोहननं तिला भेटायला बोलावलं. तिला बघून मोहन आणि मोहनला बघून ती खूप आश्चर्यचकित झाले होते. खरं तर दोघांनीही एकमेकांना ओळखलंच नव्हतं. त्याची कल्पना अशी की, तिचं नाव सांगून कुणीतरी आपली चेष्टा करतंय. तो काहीसा घुश्शातच संकेतस्थळी पोहोचला होता. तिथं तरुण ती बघून चक्रावला होता. तिलाही मोहनचं वार्धक्य सहन झालं नव्हतं, पण सूड ही भावनाच अशी असते, की त्यामुळं अनेक नको त्या गोष्टी सहज स्वीकारल्या जातात. म्हातारा दिसणारा असला तरी तिचा मोहन होता तो!

तिनं त्याला सर्व हकिकत सांगितली. तो सर्व हकिकत ऐकून घेताना शब्दानंही बोलला नव्हता. तिचं क्लोनिंग, सुडाची इच्छा वगैरे सर्व त्यानं ऐकून घेतलं. त्याला ती हकिकत ऐकतानाची जाणवत असलेली मानसिक आंदोलनं त्याच्या चेहऱ्यावर स्पष्टपणे दिसत होती. खेद, विस्मय आणि थोडासा संतापदेखील.

"पण त्यांनी हे लपवून ठेवलं. ते काहीतरी जगावेगळं करण्याच्या मागे आहेत अशी कुणकुण मी ऐकली होती. पण हे असं काही करतील याची मला कल्पना नव्हती. प्रसार माध्यमांनीही या गोष्टीची कुठं वाच्यता कशी केली नाही?'' त्यानं अखेरीस तोंड उघडलं होतं.

"निम्मी वृत्तपत्रसृष्टी, अनेक दूरचित्रवाणी केंद्रं तर त्यांच्याच मालकीची आहेत, नाही का?" तिचं हे म्हणणं खरं होतं. त्यांच्या पैशाचा शिरकाव झालेला नाही असं कुठलंच क्षेत्र उरलं नव्हतं.

"मग तुझं म्हणणं काय?"

"तू माझ्याशी लग्न करावंस! त्यांची योजना मला उधळून लावायला मदत कर! लवकरच ते माझ्या या जन्माची आणि आमच्या पुनर्लग्नाची हकिकत जाहीर करणार आहेत, त्याआधीच आपण लग्न करूया."

"तुला हे सहज शक्य वाटतंय, पण मला ते कसं शक्य आहे? तुझ्या मृत्यूची बातमी ऐकली आणि सुन्न झालो. नंतर माझ्या आईच्या आग्रहामुळं व्यवहार म्हणून मी लग्न केलं. ती अतिशय सुशील आणि सुस्वभावी आहे. आम्हाला छोटी मुलं आहेत. त्या सर्वांना दु:खात लोटू? कशासाठी? आपण एकदा वियोगाचं दु:ख सहन केलंय. तू खरं तर यावेळी मला भेटायला नको होतीस."

"तू हे बोलतोस, मोहन?"

"हो! याचं कारण तू तुझ्या रोजनिशीचं वाचन केल्यावर तुला माझी माहिती झाली. त्या जर तुला मिळाल्या नसत्या तर तुला त्या मोहनचं अस्तित्वही कळलं नसतं आणि तू ती रोजनिशी त्या काळात नीट लिहिली असतीस तर हा मोहन काय आहे, हे तुला आतादेखील कळलं असतं. तुला वाटतंय मी त्यांचा पैसा घेतला, पण तसं ते नाही. त्यांनी दिलेल्या पैशांचा मी एक ट्रस्ट केला. पोरक्या आणि अनाथ मुलांना मदत व्हावी म्हणून. त्यांचा स्वभाव मला ठाऊक होताच. माझ्या हालांची मला चिंता नव्हती. तुझी माझ्याबरोबर फरफट झाली असती म्हणून मी तुझ्यापासून दूर झालो होतो, कळलं?"

"मी तुझ्याबरोबर तशीच रहायला तयार आहे."

"हे तू बोलत नाहीस, तुझ्या डोक्यातला सूड बोलतोय. तू पुन्हा एकदा विचार कर! जे झालंय ते परत घडणार आहे. यावेळी आपल्याबरोबर आणखी काही जीव धोक्यात घालण्यात काय अर्थ आहे? आपण परत भेटणंही योग्य होणार नाही. एकदा मेलेली व्यक्ती आपल्यासमोर परत उभी राहते हा धक्काच मी कसाबसा पचवतोय. अजूनही मला मी सावरू शकलेलो नाही. मला यावर नीट विचार करू दे."

"तुला मी प्रेत वाटते काय?"

या तिच्या प्रश्नावर तो उठून उभा राहिला.

"तुझ्याबद्दल माझ्या मनात खूप पवित्र भावना आहेत, राहतील. त्यांना धक्का पोहोचेल असं काही करू नकोस, बोलू नकोस, प्लीज! एवढीच एक कळकळीची विनंती आहे." तो वळला. झपझप निघून गेला.

ती परतली. तिच्यासाठी त्यांचा निरोप होता. 'भेटायला ये.' बस्स एवढाच!

त्यांचा निरोप विनंतीवजा शब्दात असला तरी हुकूमच तो! इथं तर हुकुमी शब्दातच होता. जाणं भाग होतं. ती भेटायला गेली.

"काय म्हणाला, मोहन?" हा प्रश्न विचारताना त्यांच्या चेहच्यावर हसू होतं. त्यांना सगळं कळलं होतं तर?

"तो काय म्हणणार, सुखात संसार चाललाय त्याचा." तिच्या बोलण्यात कडवटपणाची छटा नाही म्हटलं तरी होतीच.

"म्हणजे मग तुमचा निर्णय ठरला तर!" त्यांनी अगदी मंद सुरात विचारलं. आपण तिला चिडवतोय असं वाटता कामा नये असा त्यांचा हेतू होता. त्याचबरोबर त्या बोलण्यात एक आत्मविश्वासही होता. मी जसं म्हणेन तसंच होतं आणि मी जे हवं ते घडवू शकतो, असा पण गर्वाचा दर्प नसलेला आत्मविश्वास! कर्तुमकर्तुम शक्ती असलेल्या सम्राटाचा सूर होता तो. सहज, शांत, गंभीर.

तिनं त्यांच्या नजरेला नजर दिली – तारुण्याचा जोश असलेली, आव्हानात्मक भरारीचा वेग असलेली. तुम्ही महान असाल पण मीही दबणारी नाही. माझा सर्वनाश झाला तरी चालेल, असा एक अगतिक उद्दामपणा असलेली नजर रोखत ती म्हणाली.

"तसंच काही नाही!"

"ठीक आहे, कुठलीही गोष्ट विचारपूर्वक करणं चांगलं असतं. कोणताही निर्णय घेताना तो विचारपूर्वक घेतला तर हार पत्करावी लागत नाही." नजर विचलित होऊ न देता ते म्हणाले होते. तिच्या नजरेतील आव्हान, बेफिकीरी त्यांच्या खिजगणतीत नव्हती, मात्र 'ही काय आपल्याला आव्हान देणार', अशी तुच्छताही त्यांच्या बोलण्यात नव्हती. आपल्या आवडत्या पाळीवाच्या खेळाकडं पहावं तसं ते पाहणं होतं. हातांनी खूण करीत त्यांनी तिला बसायची खूण केली. त्यांनी खूण करताच एक सुमधुर पेय तिच्यासमोर आलं. त्यांनी त्यांच्यापुढं आलेला चषक उचलला. घोट घेतला आणि ते समाधानानं हसले. पेय त्यांना हवं तसं होतं म्हणून ते हसले, की परिस्थिती त्यांना हवी तशी होती म्हणून ते हसले हे सांगणं अवघड होतं. चषक खाली ठेवत ते म्हणाले, "विचार करताना तू काही मुद्दे लक्षपूर्वक आणि काहीशा त्रयस्थपणे पाहत लक्षात घ्यावेत, असं मला वाटतं. माझ्या अनुभवाचा तुला फायदा झाला तर त्यात मला आनंदच आहे!"

तिनं पेयात उठणाऱ्या बुडबुड्यांवर लक्ष केंद्रित करून आणखी एक घोट घेतला.

"तुमचं सहकार्य नेहमीच अमोल ठरत आलं आहे!" ती काहीशी छद्मीपणे म्हणाली. तेही हसले. तिची विमनस्कता, राग, परिस्थितीची अपरिहार्यता सगळ्यांनाच उद्देशून ते हसले असावेत, असं तिला नंतर एकटीनंच विचार करीत बसली असताना वाटलं होतं. – मग ते नेहमीच्या खालच्या पट्टीत, संथ लयीत, प्रत्येक

शब्द मोजून-मापून, तोलून उच्चारत बोलू लागले.

''मला वाटतं तू मला ओळखलं असशील. आपलं लग्न झालं त्यावेळी तुझ्यावर अन्याय होतोय असं तुला वाटलं होतं, ते साहजिकच होतं. परिस्थिती तशीच होती. आता बरीच बदलली आहे किंवा बदलली नाही. बदल व्यक्तीसापेक्ष असतो; याचं कारण सर्वच व्यक्ती नि:स्वार्थीपणे आणि त्रयस्थपणे विचार करू शकत नाहीत, हेच असावं. तू विचार कर. माझ्याशी लग्न करून तुझा काय तोटा झाला? तुझ्या आणि मोहनच्या मुलाला माझ्यासारखा पिता मिळाला. तो या साम्राज्याचा मालक बनेल. कर्तबगार आहे. ज्याच्या हाती ससा तो पारधी, यामुळे जगाच्या दृष्टीनं तो माझाच मुलगा ठरलाय. मला मूल होणं नैसर्गिकरीत्या शक्य नव्हतं. वैद्यकातील आधुनिक संशोधनाचा आधार घेऊन ते शक्य करता आलं असतं, नाही असं नाही, पण मग अशा गोष्टींची वाच्यता होतेच; हे एक आणि तू जर माझ्याबरोबर तुझा जन्म घालवणार तर तुझ्याही मनाप्रमाणं काही घडणं ही मी तुझ्या बंदिवासाची मोजलेली किंमत होती, असं समज.

''शिवाय तुला एक ठाऊक नसेल, डॉली – पहिली क्लोन मेंढी – पहिल्या चार वर्षांतच १७ वर्षांची म्हातारी बनली होती. क्लोन प्राण्यांचं आयुष्य जलद गतीनं वाढतं. तुला तर डॉक्टरांनी खास औषधं त्यासाठी दिली. तू इतकी भावनावश नसतीस तर तुला झालेला अपघात आणि आजची तारीख यांच्या वजाबाकीतून तुझी वाढ किती भरभर झाली हे तुझ्या सहज लक्षात आलं असतं. तू असाध्य आजारानं रुग्णालयात आहेस, असं मी म्हणू शकलो असतो, पण मला 'पत्नीचं पुनरुत्थान करून तिला जगवणारा पहिला पती' ही कीर्ती मिळवायची होती. आधुनिक शहाजहान व्हायचं होतं. तू मोहनकडं गेली नसतीस तर हे सांगावंच लागलं नसतं. समज, तू मोहनबरोबर गेलीस तर काय होईल? त्याच्या आयुष्यात पेच निर्माण होईल. मला आपल्या मुलाचा वारसाहक्क नाकारावा लागेलच, कारणं अनेक दाखवता येतील. तोही एक विचार. याला तू हवं तर ब्लॅकमेल म्हणू शकतेस. त्यानं तुला बरं वाटणार असेल तर माझी हरकत नाही. निर्णय घेण्यापूर्वी हे सर्व विचारात घे.'' ते चषक ठेवून उठले आणि निघून गेले.

तिनं हताशपणे चषक ठेवला. आयुष्याचा हिशोब कसा करावा, हे तिला कळेना. या शहाला काटशह देण्याची आपल्यात हिम्मत नाही हे त्यांनी बरोबर जोखलं होतं. आपण कायमच पराभूत या जाणिवेनं ती हताश बनली, मग त्या चषकाकडं बघत उठली. मोहनला विसरली आणि तिचा निर्णय सांगायला त्यांच्या मागोमाग तिची पावलं पडू लागली.

अयोनिज

शेठ रामप्रसाद मोठे धार्मिक गृहस्थ होते. कुणाशीही बोलताना पाच-पन्नास वेळा ते दोन्ही कानांच्या पाळ्या पकडत असत. शिवाय दिवसातून जेव्हा जेव्हा समोर टांगलेल्या तसबिरींकडे लक्ष जायचं तेव्हा त्या तसबिरींना ते नमस्कार करायचे. नमस्कार करताना ते बोलत नसत. त्यामुळे त्यांचं बोलणं दूरदर्शनवर जसा वारंवार 'व्यत्यय' किंवा 'नो सिग्नल' अशा पाट्यांसह कार्यक्रम दिसतात, तसं असायचं.

रामप्रसादला त्यांच्या व्यवसायाची काळजी होती. रामप्रसादजींचं लग्न खूप लहान वयात झालं होतं. वयाच्या अठराव्या वर्षी त्यांना पहिला मुलगा झाला. त्या हिशोबानं ते ३६ व्या वर्षी आजोबा बनायला हवे होते; पण त्यांचा मुलगा कॉलेजात होता. चांगला एम.एस्सी.पर्यंत शिकला आणि परस्पर नोकरीला लागला. सोळाव्या वर्षी बाळंत होणाऱ्या त्यांच्या पत्नीला, कदाचित लहान वयातल्या बाळंतपणामुळं असेल, खूप त्रास झाला होता. त्यामुळं पुन्हा अपत्यसंभव अशक्य होता. रामप्रसादांनाही दुसरं मूल न झाल्याचा खेद नव्हता. त्यांचं पुरुषत्व सिद्ध झालं होतं. मात्र मुलगा आपल्या व्यवसायात आला नाही याचं त्यांना नक्कीच दुःख होत असे.

मुलानं त्यांच्याच जातीत लग्न केलं होतं. समाजात त्याचा हुशार म्हणून बोलबाला होता, पण त्यामुळे व्यवसाय कसा चालणार? आपली नातवंडं आपल्या कामी येणार नाहीत हेही त्यांच्या लक्षात येऊन चुकलं. ती इंग्रजी कॉन्व्हेंटमध्ये जात होती. सुट्टीत यायची; पण त्यांना आजोबा-आजीचा लळा लागणं अवघड होतं. प्रश्न नुसता भाषेचा नव्हता. संस्कृतीचाही होताच. 'डॅडी, मम्मी' संस्कृती आणि 'पाय लाग्यो, पिताजी' यांच्यात सुसंवाद साधला जाणं अवघडच होतं. 'जुगजुग जियो, बेटा,' म्हटल्यावर येणारं 'थँक्यू, ग्रँडपा' कानाला चरे पाडत जात होतं. त्यामुळंच आपल्यानंतर धंद्याचं काय हा प्रश्न रामप्रसादजींना त्रास देत होता.

ज्यावेळी दुसरं मूल होणं शक्य नाही, हे त्यांच्या पत्नीला कळलं होतं, त्याचवेळी त्यांच्या सुशील आणि देवतास्वरूप पत्नीनं रामप्रसादजींना एकांतात असताना दुसरं लग्न करण्याविषयी सुचवलं होतं. तिची बहीण आता लग्नाच्या वयाची झाली होती. तिनं सुचवलं असतं, तर तिचे वडील या लग्नाला राजी झाले असते. भारत स्वतंत्र होऊन पन्नास वर्षे झाली तरी त्यांच्या समाजात अशा लग्नांना कुणी नाही म्हणत नव्हतं. गावी जाऊन लग्न करून यायचं, फारसा गाजावाजा न करता लग्न करायचं की झालं. रामप्रसादनी हे मान्य केलं नव्हतं. थोड्याफार प्रमाणात आधुनिक विचारांचं वारं त्यांना स्पर्श करून जात होतं. पण आता त्यांना त्या काळात दुसरं लग्न केलं असतं तर बरं झालं असतं, असं वाटू लागलं होतं. पण गेलेली वेळ काही परत येत नाही. त्यांच्या धाकट्या मेव्हणीचं लग्न झालं होतं. तिला तीन मुलगे आणि एक मुलगी होती. 'जाऊ घा, झालं' असा विचार करून रामप्रसादजी कामाला लागत होते.

त्या त्यांच्या दिनक्रमात फरक पडायचं काही कारण नव्हतं. पत्नीच्या आग्रहास्तव ते काशी विश्वेश्वर करून डाकोरनाथजींच्या दर्शनास गेले. परतताना मुंबईत मुलाकड राहायला गेले. मुलाच्या गाडीतून त्यांचं मुंबई-दर्शन चालू होतं. पत्नीची हौस म्हणून ते नातवंडांसह राणीच्या बागेत गेले. तिथं दर्शन भेटला. दर्शन देशपांडेचं दर्शन हा त्यांच्या आयुष्यातला एक आगळावेगळा क्षण होता. रामप्रसादजींनी बारावीनंतर आपल्या वडिलांची इच्छा मान्य करून रद्दीच्या धंद्यात लक्ष घातलं होतं. दर्शन पुढं मोठ्या शहरात शिकायला गेला. गावी आला की तो न चुकता रामप्रसादला भेटायला येत होता. पुढं तो परदेशी गेला. त्याचे आई-वडील गेले तेव्हा तो गावी आला होता. गावातलं घर त्यानं रामप्रसादच्या मदतीनं विकलं होतं. नंतर अमेरिकेला जाण्यापूर्वी त्याचा एकदा फोन आला होता. दर्शन गळ्यात व्हिडिओ कॅमेरा घेऊन हिंडत होता. त्याच्याबरोबर एक गौरकाय स्त्री होती. ती त्याची पत्नी असावी. दोन मुलंही होती. ती जुळी वाटत होती. चांगली थोराड पोरं होती. मात्र त्यांची वयं पुढं कळली, तेव्हा रामप्रसाद थक्क झाले. चांगली १६-१७ वर्षांची वाटणारी ती मुलं फक्त तेरा वर्षांची होती.

"दर्शन!" रामप्रसादजींच्या तोंडून हाक कधी गेली ते त्यांचं त्यांनाही कळलं नव्हतं.

"राम तू?" दर्शनही त्यांना बघून धावत आला. दोघं उराउरी भेटले. "वहिनी काय म्हणताहेत?" नमस्कार करत दर्शननं त्याच्या वहिनीला विचारलं. "खाकरे खायला येतो तुमच्याकडं!"

"खरंच?" रामप्रसादनं विचारलं.

"हो! ही मॅगी! मॅगी, बॉईज् कम हिअर! मीट माय चाईल्डहुड फ्रेंड!" त्यांनी

हस्तांदोलनासाठी हात पुढे केले.

रामप्रसादजींनी काहीशा संकोचानंच हस्तांदोलन केलं.

दोन जुने मित्र बऱ्याच वर्षांनी भेटले, की बायकांना विसरतात. इथंही तसंच घडलं. फरक एवढाच, की त्या बायका एकमेकींशी बोलू शकत नव्हत्या. त्यांना एकमेकींची भाषाच येत नव्हती. थोडा वेळ त्या एकमेकींकडं बघून हसल्या. मग दर्शनच्या बायकोनं दर्शनला त्यांच्या अस्तित्वाची जाणीव करून दिली. दर्शननं आणि रामप्रसादनी एकमेकांना भेटायचं ठरवलं. दर्शननं त्याच्या पत्नीला, मुलांना जवळ बोलावलं. त्यांना दर्शनचं मूळ गाव, शिवाय जमलं तर एक भारतीय खेडं बघायचं होतं. त्या मुलांना पुढं कसल्यातरी प्रकल्पासाठी भारतात यायचं होतं. त्याला अवकाश असला तरी भारतीय खेडं बघायला काय हरकत होती. ते रामप्रसादमुळं आता सहजच शक्य होणार होतं. दुसऱ्या दिवशी रामप्रसाद आणि दर्शन दोघंच एकत्र जेवायला बाहेर पडले. दर्शननं एक टूरिस्ट कार भाड्यानं घेतली होती. गाडीशिवाय तो वावरूच शकत नव्हता. जुन्या आठवणी, मुलाबाळांची चौकशी, शाळेतले मित्र, शिक्षक असं करत करत गप्पा वर्तमान काळात आल्या. जेवणाचा बेत रामप्रसादमुळं शुद्ध शाकाहारी होता. बैंगन भरता आणि पनीर मटर, नान, अशा गोष्टी कॅलरींचा विचार न करता खायला मिळाल्यानं दर्शननंही ताव मारला. त्यात केव्हातरी रामप्रसादनी त्यांची धंद्याविषयीची काळजी दर्शनला ऐकवली. अगदी बायकोनं दुसरं लग्न कर असं सांगितल्यापासून आजपर्यंतची आता एखादं मूल दत्तक घ्यावं की काय की धंदा विकून हरीहरी करावं. इथपर्यंत त्यांनी विषय रेटला.

दर्शननंही मित्राची व्यथा व्यवस्थित ऐकून घेतली. मग तो म्हणाला, ''तू सुखी आहेस बाबा! मी इथून लग्न करून अमेरिकेत गेलो. माझी बायको खूप संशयी होती. मी डॉक्टर, त्यामुळं ती वेळोवेळी रुग्णालयात यायची. शस्त्रक्रिया चालू असली तर बाहेर बसून राहायची. वैताग आला. एवढं सगळं करून तिच्या एका दूरच्या नातेवाइकाबरोबर पळून गेली. मग मी संशोधनाकडं वळलो; पुढं मॅगीशी लग्न केलं.'' असं बोलणं झालं. मग दर्शन बायकोला आणि मुलांना घेऊन येईल, तेव्हा त्यानं रामप्रसादकडं उतरायचं ठरलं. रामप्रसादनं आता मोठा बंगला बांधला होता. तो वापरलाच जात नव्हता. या निमित्तानं त्यातल्या काही खोल्या उघडल्या जाणार होत्या. वरच्या मजल्यावरचं स्वच्छतागृह पाश्चात्त्य पद्धतीचं होतं, त्यामुळे भाषा सोडली तर कसलीही गैरसोय होणार नव्हती. हे ठरल्यावर दोघेजण जेवण संपवून मसाला पान चघळत गाडीत बसले.

रामप्रसादजींच्या शेतावर ते दोघं आंब्याच्या झाडाभोवती बांधलेल्या पारावर

बसले असताना तो विषय निघाला. दर्शन म्हणाला, ''रामप्रसाद, तुझ्या समस्येवर मला एक उपाय सापडला आहे बघ.'' प्रथम रामप्रसादजींना या वाक्याचं महत्त्व लक्षात आलं नाही. किंबहुना दर्शन कसली समस्या म्हणतोय, हेच त्यांना कळलं नव्हतं. आपल्याला काही समस्या आहे, हेच ते विसरून गेलेले होते. दर्शनच्या भेटीनं त्यांना सर्व चिंतांचा विसर पडला होताच; पण ज्या सहजतेनं दर्शननं बायको सोडून गेली वगैरे घटना सांगितल्या होत्या, त्यामुळं ते काहीसे शरमिंदे झाले होते. आपल्याबरोबर शिकणारा अगदी गरीब असा एक मुलगा स्वकष्टानं मोठा होतो, अनेक अडचणींवर मात करतो आणि आयुष्याला सामोरं जातो; त्याउलट आपलं सगळं व्यवस्थित चाललेलं असताना आपण मात्र कुठल्यातरी काल्पनिक चिंतेनं खट्टू होऊन बसतो, या विचारानं ते शरमले होते आणि पुन्हा तो विषय काढायचा नाही असं त्यांनी ठरवलं होतं.

''माझी कसली समस्या आणि तू काय उपाय काढलाहेस?'' त्यांनी दर्शनला विचारलं.

''राम, मला एक सांग, शाळा सोडल्यास किती वेळा सुट्टी घेतलीस?'' ''या प्रश्नाला उत्तर द्यायला रामप्रसादना विचार करावा लागला नव्हता. ''एकदा मुलाच्या लग्नाच्या वेळी आणि आत्ता, तुझी भेट घडावी म्हणून!'' या शेवटच्या बाबीवर ते हसले. ''तुला लेका, मी भेटणार याचं स्वप्नच पडलं होतं वाटतं?'' दर्शन म्हणाला.

''दर्शन, तुझं बोलणं मला उलगडत नाही. आधी माझ्या समस्येवर उपाय सापडला म्हणतोस. मग मी सुट्टी केव्हा घेतली विचारतोस; तुला नक्की काय म्हणायचंय?''

''तू आणि वहिनी माझ्याकडं अमेरिकेत याल?''

''अमेरिकेत? तिथं येऊन काय करणार?''

''तेच तर सांगतोय, ऐक!'' असं म्हणून दर्शननं बोलायला सुरुवात केली.

''राम, तू मला म्हणालास, तुझ्यानंतर तुझा धंदा कोण सांभाळणार? तुझा विचार बरोबर आहे. तू या भागातला सर्वांत मोठा रद्दीचा, बाटल्यांचा आणि भंगार मालाचा व्यापारी आहेस, हे खरं; पण धंद्याला प्रतिष्ठा नाही. मुंबईत राहणारा तुझा पोषाखी मुलगा हे सांभाळणार नाही, हेही खरं आहे. कारण शिक्षण संपल्यावर स्वकष्टानं लहान वयात तो एका बहुराष्ट्रीय कंपनीत मॅनेजिंग बोर्डात गेलाय. त्याची मुलं मुंबईत वाढली आहेत. त्यांच्या दृष्टीने हे खेडंच आहे. येणं अवघड आहे. अशा परिस्थितीत तुला दुसरं मूल असतं आणि ते तुझ्याजवळच राहिलं असतं तर तुझा प्रश्न सुटला असता, असं तू म्हणतोस; तू जर माझ्याबरोबर अमेरिकेत आलास तर

तो प्रश्न सुटू शकेल.''

''दर्शन, हे बघ, तिला त्या काळात बाळंतपण झेपलं नाही, आता तिची पन्नाशी जवळ आलीय, तिला बाळंतपण कसं झेपेल? शिवाय पहिला मुलगा आम्हाला सोडून गेला. ठीक आहे, त्याचं भलं झालं. आता हाही सोडून गेला तर? मुख्य म्हणजे यावेळीही मला मुलगाच होईल, हे कशावरून?'' रामप्रसादनी विचारलं. आपल्या मित्राची विचारशक्ती तेज आहे, हे दर्शनला मान्य करणं भागच होतं.

''राम, तुझं म्हणणं अत्यंत योग्य आहे, त्यात चूक काहीच नाही. आज विज्ञान खूप पुढं गेलं आहे. मी अमेरिकेत काय व्यवसाय करतो हे तुला ठाऊक नसेल. तुझ्या दृष्टीनं मी डॉक्टर आहे. इतर डॉक्टर भरपूर पैसे मिळवतात, तसा मीही मिळवतो. मीही तुला फार खोलात जाऊन सांगितलं नाही, त्याचं कारण आपल्या देशात अजूनही प्रजनन प्रक्रियेबद्दल बोलणं अशिष्ट समजलं जातं. निपुत्रिक जोडपीही डॉक्टरकडं आपण कशासाठी गेलो होतो, हे शेजारपाजारच्या लोकांना कळू नये, म्हणून जपतात. मी मुंबईत माझ्या जुन्या डॉक्टर मित्रांना भेटलो. त्यांच्याशी बोललो. त्यावरून सांगतोय. अमेरिकेत आमच्याकडे अपत्यप्राप्तीसाठी येणारी जोडपीही वेटिंगरूममध्ये न बोलता गप्प बसतात. एक जोडपं दुसऱ्या जोडप्याशी आपल्या प्रश्नाची चर्चा करीत नाही. तेव्हा भारतीयांनाच दोष घ्यायचं तसं काही कारण नाही. ते जाऊ देत.

''मी अमेरिकेत निपुत्रिकांना अपत्यसंभव घडवून आणायचं काम करीत होतो. याबाबत संशोधन करीत असतानाच माझा संबंध क्लोनिंगशी जुळून आला. क्लोनिंग म्हणजे काय हे तुला ठाऊक असेलच. आता माणसांचं काही प्रमाणात क्लोनिंग करतात. विशेषत: ज्यांचे अवयव निकामी होतात आणि ज्यांना अवयवांच्या आरोपणाची गरज असते, अशा लोकांसाठी कुठल्यातरी गर्भाच्या स्टेमसेल्स किंवा स्तंभ पेशींपासून नवा अवयव तयार केला जातो. मी एका औषधी कंपनीच्या संशोधन विभागाचा प्रमुख आहे. माझी एक महत्त्वाकांक्षा आहे, ती म्हणजे संपूर्ण माणूस क्लोन करायचा. याला अमेरिकेत कायद्यानं परवानगी नाही; पण भारतात अजूनही यासंदर्भात कसलाच कायदा नाही.

''आमच्या कंपनीची प्रमुख कचेरी स्वित्झर्लंडमध्ये आहे. मी कंपनीच्या अमेरिकन संचालक मंडळात आहे. कंपनीच्या परवानगीनं मी भारतात हे प्रयोग करू शकतो. म्हणजे तुझंच प्रतिरूप तुझ्याच पेशींपासून तयार होईल. तो प्रयोग यशस्वी झाला तर तू तो मुलगा वाढव. तो आज्ञाधारक होईल, याची मी तुला खात्री देतो.''

''दर्शन, तू जे काही बोललास त्यानं माझं डोकं गरगरायला लागलंय बघ! तरीपण मला मुलगाच होईल आणि तो आज्ञाधारकच होईल, असं तू म्हणतोस

म्हणून मी विश्वास ठेवतो पण मला विचार करायला वेळ दे.''

"ठीक आहे! आपण अजून दोन दिवस तरी इथं आहोतच. उद्या रात्री जेवणानंतर मी तुला मुलगाच कसा होईल आणि तो आज्ञाधारकच कसा असेल ते समजावून देतो. मी भारतात अजून महिनाभर आहे. त्या काळात तू मला केव्हाही तुझा निर्णय कळव, ओके?''

ते मग घरात परतले. दुसरा दिवस गडबडीत गेला. मुलांना पोहायला विहिरीत उतरायचं होतं. दर्शनचा त्याला विरोध होता. मॉगीच मग स्विमसूट घालून पाण्यात उतरली. नंतर सगळे झाडाखाली बसून जेवले. बैलगाडीतून हिंडले. मुलं पाटाच्या पाण्यात खेळली. सबंध दिवसात रामनं दर्शनला एकाही शब्दानं त्याच्या मनातली खळबळ जाणवू दिली नव्हती. त्यानंतर त्यांनं याबाबतीत त्याच्या पत्नीशी काही बोलणं केलं की काय हेही कळायला मार्ग नाही. सगळं व्यवस्थित चालल्याचा देखावा होता. अखेरीस रामप्रसाद व्यापारी होते. चेहऱ्यावरचे भाव लपवायची त्यांना जन्मजात सवय होती.

दुसऱ्या दिवशी जेवण झाल्यावर दुपारचेच दोघंही मित्र शेतावर चक्कर मारतो म्हणून निघाले होते. वाटेत एका दाट छायेच्या वृक्षाखाली जागा साफ करून ते बसले. दर्शननं लगेचच विषयाला हात घातला. "हे बघ, रामप्रसाद, आपल्या भारतात मुलगा व्हावा म्हणून माणसं जेवढा प्रयत्न करीत आली आहेत, तसा प्रयत्न पृथ्वीच्या पाठीवर इतरत्र फार थोड्या ठिकाणी झाला असेल. जपतप, नवस-सायास, बुवा, अंगारे, धुपारे अशा अनेक प्रयत्नांच्या अपयशानं भारतीय माणूस कधीच खचला नाही.

"मुंबई आणि कलकत्त्यातले प्रसूतिशास्त्रज्ञ आधुनिक काळात गाजले ते लिंगचाचणी आणि तज्जन्य गर्भपातामुळं. इ. स. १९८६ मध्ये मुंबईतल्या ४२ प्रसूतिगृहात आठ हजार गर्भपात घडले. ते सर्व स्त्री-गर्भ होते. अपवादात्मक परिस्थितीत आणखी ३ पुरुष-गर्भ पाडण्यात आले, ते तीनही पुरुष-गर्भ मतिमंद जन्मण्याची शक्यता होती म्हणून. पुढं त्याचप्रकारच्या लैंगिक चाचण्यांवर बंदी घालण्यात आली. त्यानंतर काय घडलं हे वैद्यक क्षेत्राबाहेर कुणालाच ठाऊक नसतं.

हे सगळं चालू असतानाच मेंढीचं पहिलं क्लोनिंग झालं, म्हणजे एका मेंढीची एक पेशी घेऊन त्या पेशीपासून एक नवीन मेंढी तयार करण्यात आली. तू ते वृत्तपत्रातून वाचलं असशीलच. त्यानंतर काही शास्त्रज्ञांनी आपण माणसांचं क्लोनिंग करणार असंही जाहीर केलं. त्यांच्याविरुद्ध खूप हाकाटी झाली. इ. स. २००० मध्ये मानवी जिनोम प्रकल्प पूर्ण झाला; म्हणजे मानवी गुणसूत्रांची माहिती

मानवाच्या हाती आली, असं जाहीर झालं.

हे सगळं मी तुला का सांगतोय, तर तुला यातूनही ज्या शंका येतील त्या तू मला विचार, समजत नसेल तिथं अडव.''

रामप्रसादनं आपल्या मित्राकडं बघितलं. तो म्हणाला, ''हे बघ, शंका केव्हा येतात? जेव्हा समोरचा माणूस आपल्याला फसवायचा प्रयत्न करतोय असा ऐकणाऱ्याचा ग्रह असतो तेव्हा. माझा तुझ्यावर, तुझ्या वैद्यकीय कौशल्यावर पूर्ण विश्वास आहे. तू मनात आणलंस तरी मला फसवू शकणार नाहीस याची मला खात्री आहे, तेव्हा शंकांचा प्रश्न उद्भवतच नाही. आता तू म्हणालाच आहेस तर विचारतो; तिथं जाऊन काय करायचं?''

''तुझं क्लोनिंग हा एक धाडसी प्रयोग ठरणार आहे; पण तो आमच्या दृष्टीने. तुला त्यात काही धोका नाही. प्रत्यक्षात तू अमेरिकेत आलास, की आम्ही फक्त तुझी शारीरिक तपासणी करू. नंतर आपण एखाद्या दक्षिण अमेरिकन किंवा आफ्रिकन देशात पुढची प्रक्रिया पूर्ण करू शकू!''

''आता मात्र माझ्यापुढं दोन शंका उभ्या राहिल्या बघ!'' आपल्या मित्राचं बोलणं ऐकून रामप्रसाद म्हणाला.

''तुला ज्या काही शंका आहेत किंवा येतील त्या मला तू दिलखुलासपणे विचार; मी त्यांचं निरसन करेन!''

''पहिली शंका. आपला भारत एवढा प्रगत मानला जातो. अमेरिकेत जे उपचार होतात ते इथंही होतात, अशा परिस्थितीत आपण भारताबाहेर हे सर्व का करायचं? आणि दुसरी शंका– क्लोनिंगच का? मी तर असं ऐकलंय की बीजांडाचं फलन परीक्षा-नळीत घडवून आणून गर्भाशय भाड्यानं घेऊन त्यात गर्भ वाढवला जातो. मग आमच्या बाबतीत तसं का करू नये?'' या शंका ऐकून आपला मित्र चांगलाच सुविद्य आहे. रद्दीच्या दुकानात बसून आपल्या या मित्राचा भेजा गंजलेला नाही याबद्दल दर्शनची खात्री पटली. तो रामप्रसादच्या शंकांचं निरसन करू लागला.

''आपला भारत देश विकसनशील देशांत प्रगत मानला जातो, हे खरं आहे. अमेरिकेत ज्या सोयी आहेत त्या इथंही उपलब्ध आहेत, हेही खरं आहे. पण अमेरिकेप्रमाणे भारतातही वृत्तपत्र जागृत आहे, हेही तितकंच खरं आहे. भारतानंसुद्धा मानवी जैव तंत्रज्ञानाविषयी कायदे केले आहेत. ते मी मोडल्याचं लक्षात आलं तर भारतातच काय पण जगातही खळबळ माजेल. प्रगत देश विकसनशील देशांना फसवून तिथल्या परिस्थितीचा गैरफायदा घेतात, अशी बोंब चालू असतेच. इथं तर फार मोठा हाहाकार संभवतो; म्हणून भारत नको. हे झालं तुझ्या पहिल्या शंकेचं समाधान...

''तो गडी बहुतेक आपल्याला बोलवायला येतोय. त्याला 'आम्ही आलोच' असं सांग म्हणजे मी तुझ्या दुसऱ्या शंकेचं समाधान करतो.'' दर्शनच्या या

बोलण्यावर रामप्रसादनी मान वर करून बघितलं. खरंच सुदाम हा त्यांचा विश्वासू गडी त्यांच्या दिशेनं येत होता. त्यानंतर हातानंच खुणावून त्याला 'काय' म्हणून विचारलं. त्यानं 'जेवायची' खूण करताच 'पाच मिनिटं' अशी खूण रामप्रसादनं केली आणि सुदाम परतला. सुदामची पाठ फिरताच दर्शन परत बोलू लागला. ''तुझा दुसरा प्रश्नही अगदी योग्य असाच आहे. पण तुझ्या मूळ समस्येला त्याला उत्तर नाही. हे बघ जेव्हा मूल जन्माला येतं तेव्हा त्याच्या शरीरामध्ये सर्वसाधारणपणे निम्मी गुणसूत्रं आईकडून आणि निम्मी गुणसूत्रं वडिलांकडून येतात. त्यातले कुठले गुण प्रबळ ठरतील, कुठले सुप्त राहतील हे अचूकपणे सांगता येत नाही पण क्लोनिंगमध्ये सर्वच गुण तुझे आणि तुझेच असतील. त्यामुळं तुझा क्लोन तुझ्यासारखाच वागण्याची शक्यता बरीच वाढते, हे लक्षात घे. तुला वडीलधाऱ्या माणसांचं ऐकणारा, आहे त्यात समाधान मानणारा आणि तुझा धंदा पुढं चालवणारा मुलगा हवा असेल, म्हणजे अगदी तुझ्यासारखं वागणारा वारस हवा असेल तर तो क्लोनिंगमुळेच मिळणं शक्य आहे. मिळेलच असं नाही पण मिळण्याची जास्तीत जास्त शक्यता आहे.'' दर्शननं रामप्रसादला सांगितलं. त्यानं विचार करायला वेळ मागून घेतला. मग ते दोघं जेवायला गेले. त्या मुक्कामात एवढंच बोलणं झालं. दर्शन जेव्हा गाव सोडून परत निघाला तेव्हा रामप्रसादनं मुंबईत त्याच्याशी संपर्क कसा साधता येईल हे विचारून घेतलं. दर्शन आणि त्याचे कुटुंबीय आणखी पंधरा दिवस भारतात होते. तेवढ्या वेळात रामप्रसाद निर्णय घेऊ शकत नसेल तर मग त्यानं दर्शनशी अमेरिकेत संपर्क साधण्यासाठी ई-मेल पत्ता घेतला. काय संदेश पाठवायचा तेही ठरलं.

दर्शन अमेरिकेला परतण्याआधी दोन दिवस रामप्रसाद मुंबईत आला. त्यानं दूरध्वनी करून दर्शनला भेटायची इच्छा प्रकट केली. दर्शन तसा गडबडीत होता. वैद्यकीय संशोधन क्षेत्रात तो नावाजलेला असल्यानं अनेक मोठ्या वैद्यकीय संस्थांतली मंडळी येत-जात होती. तरीही जुन्या मित्रासाठी आणि रामप्रसाद 'हो' म्हणेल तर एका नव्या संशोधनाची संधी मिळेल म्हणूनही दर्शननं रामप्रसादची भेट घ्यायचं ठरवलं होतं.

''बोल, काय म्हणतोस?'' दर्शन रामप्रसादला विचारता झाला!

''तू जे म्हणालास, की कुठल्याही माणसात स्त्रीकडून अर्धे आणि पुरुषाकडून अर्धे गुण येतात. त्या मुद्द्यावर मी जरा विचार केला. आता शालेय क्रमिक पुस्तकातही त्याची माहिती असते. ते वाचून बघितलं. समजायला जरा वेळ लागला खरा; पण काही गोष्टी स्पष्ट झाल्या. मी काय विचारतोय, तो प्रश्न तुला खुळ्यासारखा वाटेल. कदाचित तो खुळेपणाही असेल; पण तू माझ्या शंकेचं समाधान केलंस तर मी लगेच माझा होकार किंवा नकार तुला सांगू शकेन.'' रामप्रसाद दर्शनकडे पाहत

म्हणाला. त्याच्या चेहऱ्यावर त्याच्या मनातली सर्व खळबळ स्पष्टपणे दिसत होती. ते भाव बघून आपण रामप्रसादला हे सुचवताना आणखी विचार करायला हवा होता, असं दर्शनला वाटून गेलं; पण तोंडातून बाहेर पडलेला शब्द आणि अलीकडच्या भाषेत बोलायचं तर ट्यूबमधून बाहेर पडलेली पेस्ट यांच्याबद्दल हळहळण्यास काहीच अर्थ नसतो.

"विचार तुला काय विचारायचंय ते. डॉक्टरला रोज अशा असंख्य प्रश्नांना उत्तरं द्यावी लागतात.''

"हे बघ, मी जे वाचलं त्यावरून – माझी माहिती शालेय क्रमिक पुस्तकातली आहे – तर त्या माहितीनुसार मानवी शरीरात गुणसूत्रांच्या म्हणजे क्रोमोसोमच्या २३ जोड्या असतात. त्या फुटतात आणि वडिलांकडून २३ गुणसूत्र आणि आईकडून २३ गुणसूत्रं येऊन पुन्हा ४६ गुणसूत्रांच्या २३ जोड्या बनतात.'' आपण काही चुकीचं तर बोलत नाही ना, हे बघण्याकरिता रामप्रसादनं दर्शनकडं बघितलं.

"हो, ते खरंच आहे.'' या दर्शनच्या उद्गारांमुळं तो सुखावला आणि पुढं बोलू लागला —

"आता तू म्हणतोस तसं माझं क्लोनिंग केलं तर त्यात मग २३ गुणसूत्रांचे सुटे २३ धागे येतील. मग त्या मुलाचं भवितव्य काय?'' रामप्रसादनं विचारलं.

"रामप्रसाद, हे बघ, आधी मला माफ कर!''

"कशाबद्दल?''

"मी तुला गल्ल्यातले पैसे मोजण्यात आनंद मानणारा श्रीमंत रद्दीवाला समजत होतो. तू तर कमाल केलीस. हा प्रश्न मोठमोठ्या सुशिक्षित मंडळींनाही सुचला नसता.'' हे उद्गार ऐकून रामप्रसाद दर्शनकडं आश्चर्यानं बघू लागला. दर्शन आपला प्रश्न ऐकून 'काय हा मूर्खांसारखे प्रश्न विचारतोय', असं म्हणेल, असं रामप्रसादला वाटलं होतं. हे अनपेक्षित कौतुक त्याला बुचकळ्यात टाकणारं होतं.

"हे बघ, रामप्रसाद, शास्त्रज्ञांनाही हा प्रश्न पडलाच होता. पुरुषाचे शुक्रजंतू वृषणात जिथं तयार होतात त्याआधीच्या पायरीवरच्या पेशीत गुणसूत्रांच्या २३ जोड्या असतात. तर या जोड्या फुटण्याच्या थोड्या आधीच्या पेशी उचलून क्लोन केल्या तर पुरुषाचं क्लोनिंग यशस्वी होईल. प्राण्यांच्या बाबतीत हे प्रयोग यशस्वी झालेले आहेत.'' दर्शननं सांगितलं – यावर रामप्रसादनं मान डोलावली. "राम, यात तुला काहीच धोका नाही मग तो प्रयोग करून पाहण्यास काय हरकत आहे?'' दर्शन म्हणाला. "तू म्हणतोस ते खरं आहे!'' रामप्रसादनं मान डोलावली.

रामप्रसाद त्या प्रयोगांना तयार झाला, अमेरिकेत गेला. त्या प्रयोगांना यश यायला वेळ लागला. पण दर्शननं सुरुवातीलाच पुरेशा पेशी काढून घेतल्या होत्या. जगाला फसविण्यासाठी रामप्रसादच्या बायकोला तिच्या मनाविरुद्ध गर्भारपणाचं

नाटक करावं लागलं. ते अमेरिकेत जाऊन मूल घेऊन परतले. इथपर्यंत ठीक होतं. इथंच ही गोष्ट संपायलाही हवी होती; पण मित्र हो, आपला देश महान आहे. 'मेरा भारत महान', या पाट्याही आपण जागोजाग बघत असतो. तेव्हा या महान भारत देशातील ही कहाणी असल्यानं ती वाटते तितकी सरळ संपलेली नव्हती.

रामप्रसादचा मुलगा रामदर्शन; हा वाढू लागला. तो तीन-चार वर्षांचा असताना पडला. त्याच्यावर बरेच दिवस उपचार झाले. तो बरा झाला. त्याची पत्रिका भाभींनी ज्योतिषाला दाखवली आणि मग एकच हाहाकार माजला. ज्योतिषानं मुलाची शांती करायला पाहिजे, त्या मुलाच्या पत्रिकेत अशुभ योग आहेत, त्याच्यावर गंडांतर येणार आहे, अशा बऱ्याच गोष्टी सांगितल्या. ते ऐकून रामप्रसादची मन:स्थिती बिघडली. त्यानं दर्शनला फॅक्सवरून ताबडतोब संपर्क साधायची विनंती केली. दर्शनचा फोन आला.

फोनवर थोडं इकडचं तिकडचं बोलून झाल्यावर दर्शननं विचारलं, ''ज्युनिअर बरा आहे ना? मीच फोन करणार होतो तेवढ्यात तुझा निरोप मिळाला. काही विशेष?'' दर्शनला राम ज्युनिअरची काळजी होतीच. तो तशा प्रकारचा पहिलाच यशस्वी प्रयोग होता. हा मुलगा मोठा होऊन त्याची व्यवस्थित वाढ होते हे पाहणं दर्शनचं कर्तव्यच होतं. अनेक वैद्यकीय नियतकालिकांनी दर्शन आणि त्याच्या सहकाऱ्यांचे हे प्रयोग छापले होते. त्यांच्यावर एकाच वेळी अभिनंदनाचा आणि शिव्याशापांचाही वर्षाव झाला होता. अशा परिस्थितीत दर्शन दर दोन महिन्यांनी या मुलाची चौकशी करून त्याच्या वाढीची खात्री करून घेत होता. त्याला अपघात झाल्यावर दर्शन भारतात यायला निघाला तेव्हा रामप्रसादनंच त्याला थांबवलं होतं. अशा परिस्थितीत रामप्रसादनं फॅक्स करून संपर्क साधायला सांगितलं तेव्हा दर्शन साहजिकच धास्तावला होता.

मग रामप्रसादनं दर्शनला ज्योतिषाची हकिकत सांगितली. ते ऐकून दर्शननं मूर्ख या अर्थी एक अर्वाच्य शब्द उच्चारला

''तुला वेड लागलंय की काय?''

यावर रामप्रसादनं आतापर्यंत खऱ्या ठरलेल्या अनेक ज्योतिषांच्या निरनिराळ्या भविष्यवाणींची उदाहरणं द्यायला सुरुवात केली. तेव्हा त्याला थांबवून दर्शन म्हणाला, ''ते सगळं राहू देत. तुझा ज्योतिषावर विश्वास आहे, हे मी मान्य करतो; पण या मुलाची जन्मतारीख तू कोणती धरणार? त्याची पत्रिका आणि तुझी पत्रिका एकच असायला हवी, हे एक आणि दुसरं म्हणजे ज्योतिषी ज्यांची भविष्यं सांगतात त्यांना आई-बाप दोन्ही असतात. भारतीय ज्योतिष 'आयोनिज' व्यक्तीची कुंडली मांडत नाही. स्त्री-पुरुष संबंधातून जन्माला आलेल्या स्वमातेच्या उदरातून बाहेर पडलेल्या मुलांची कुंडली मांडली जाते. ज्याला आईच नाही त्याची कुंडली काय

मांडणार?''

तर्कशुद्ध बोलून, भविष्यावर विश्वास ठेवू नको असं सांगून रामप्रसाद ऐकणार नाही याची खात्री असल्यामुळं दर्शननं तोंडाला येईल ते ठोकून दिलं होतं. भारतातच वाढल्यानं त्याच्यासारख्या हुशार माणसाला हे विचार मांडणं अवघड गेलं नव्हतं. तो पुढं म्हणाला,

''राम, अरे आपण एकविसाव्या शतकात जगतोय. माणूस मंगळावर उतरलाय. आता तरी या गोष्टी सोडा. मंगळावर जन्मलेल्या मुलीची कुंडली कशी मांडणार, ते तुझा ज्योतिषी सांगू शकेल?''

''तू म्हणतोस ते बरोबर आहे.'' रामप्रसाद म्हणाला; आणि मग 'ज्युनिअरची काळजी घे' असं सांगून दर्शननं फोन ठेवून दिला.

■

प्रतारणा

''**म**ला हे मान्य नाही!'' ती जोरात म्हणाली. ओरडली नसली तरी त्या शब्दांमागे निश्चय होता तो जाणवण्यासारखा होता.

''यात मान्य न होण्यासारखं काय आहे, तेच मला कळत नाही!'' तो म्हणाला. दोन अगदी जवळच्या स्त्री पुरुषांच्या भांडणाची नेहमीची अशी सुरुवात होते, ही तशीच थोडा वेळ गरम शांततेत गेला. दोघंही एकमेकांच्या नजरा टाळत होते. त्याच्या सूचनेचा ती विचार करीत होती, आपलं खरंच काही चुकलं की काय, हा विचार त्याच्या मनात आल्यामुळं तो आपण काय बोललो आणि त्याचा अर्थ कसा लावला जाऊ शकेल, ह्याच विचारानं प्रत्येक शब्द आठवून तपासून पाहत होता.

थोडा वेळ शांततेत गेल्यावर वातावरण निवळलं. संतापाची पहिली वाफ निघून गेली होती.

''मला त्यात धोका वाटतो.''

''त्यांनी आश्वासन दिलंय, त्यात काही धोका नाही!''

''मग ते काय, अहो, ह्यात धोका आहे. तो कोणता ते सांगून त्या प्रयोगात भाग घ्या म्हणून थोडीच जाहिरात करणार?''

हा प्रश्न त्याच्या दृष्टीनं अनपेक्षित असला तरी त्याला त्यात बायकी मूर्खपणा जाणवला. वुमन्स लॉजिक इन नो लॉजिक, ह्या म्हणीचा आश्रय घेत त्यानं तिकडं दुर्लक्ष केलं होतं; पण त्यातही नाही म्हटलं तरी तथ्य होतंच. मग तोही म्हणाला, ''धोका कुठं नाही? आजकाल रस्त्यावर चालण्यातही धोका असतोच की!'' ''इथं एका आयुष्याचा प्रश्न आहे रे!'' ती काकुळतीला आली होती. तो म्हणतो त्याप्रमाणं आपल्याला करावंच लागणार ही कुठंतरी मनाशी तिनं खूणगाठ बांधलेली होती. पराभवाला सामोरं जाताना हा तिचा अखेरचा प्रयत्न होता.

''हे बघ! त्यांच्या दृष्टीनं तर तो त्यांच्या व्यावसायिक प्रतिष्ठेचा प्रश्न आहे. शिवाय प्रयोग अयशस्वी ठरला तर ते आपल्याला नुकसानभरपाई द्यायला तयार आहेत. पुढच्या पाच पिढ्यांची ददात मिटेल एवढी रक्कम ते करारात नमूद करणार आहेत. ते पैसे वाचवायला तरी त्यांना यशस्वी व्हावंच लागेल.''

''सगळ्या गोष्टींचं मोल पैशानं होत नाही.'' तिनं एक क्षीण प्रयत्न केला. त्या क्षणी तिला तिच्या शिक्षणाचा, तिच्या अगतिकतेचा प्रचंड संताप आला होता. ती जर अशिक्षित असती तर नवरा जे सांगतोय ते मान्य करून तिनं त्याला केव्हाच होकार दिला असता; पण ती सुशिक्षित होती. नवरा सांगतोय ते चांगलं की वाईट ह्याविषयी विचार करण्याची क्षमता तिच्यात होती. त्यामुळंच तर तिच्यापुढं पेच निर्माण झाला होता. ज्या संस्कृतीमध्ये ती वाढली होती त्या संस्कृतीचा नाही म्हटलं तरी तिच्यावर परिणाम झालेला होताच. ह्यामुळेचं खरं तर एक प्रकारे तिला अपरिहार्यता जाणवत होती; आपला विरोध कोलमडून नवरा म्हणतो त्या गोष्टीस नाइलाजास्तव का होईना, आपण होकार देणार हे तिला आतून जाणवत होतं. आपण ठाम रहावं असंही वाटत होतं; ते जमणार नाही हेही जाणवत होतं. त्यामुळे ती स्वतःवरच चिडली होती.

''तू विचार कर त्याबद्दल. आपल्याला निर्णय कळवायला अजून दोन दिवस आहेत.'' तो म्हणाला. मग कपडे करून ऑटॅची केस घेऊन बाहेर पडला. तिनंही मग घाईघाईनं आवराआवर केली. केसांवरून कंगवा फिरवला. कपडे केले आणि तीही बाहेर पडली. त्या दिवशी तिचं कामात लक्षच नव्हतं. केवळ सुदैवानं लॅबमध्ये तिच्या चुका दाखवणारं असं कुणी नव्हतं. मग ती रिपोर्ट लिहायचं नाटक करीत संगणकासमोर वेळ काढत काही काळ बसली. नंतर हाताखालच्या लोकांवर काम सोपवून डोकं दुखतंय अशी सबब सांगून घरी आली. आढ्याकडं बघत पडून राहिली.

तो उशिरा आला. घाईघाईत म्हणाला, ''आपल्याला जायचंय, लक्षात आहे ना!'' तिनं आवरलं, ते निघाले. एका लग्नाचा स्वागत समारंभ होता. ओळखीच्या बऱ्याच जोडप्यांशी भेटीगाठी होत होत्या. समोर नवदांपत्य हसून प्रत्येकाला नमस्कार करीत होते. हस्तांदोलन करीत होते. 'खाल्ल्याशिवाय जायचं नाही' असा प्रेमळ हुकूम सोडत होते. तिच्या डोक्यात एकच विचार, 'उद्या ह्यानं तिला असंच काही सांगितलं तर ही काय करील!' तिला भेटणाऱ्या प्रत्येक जोडप्याकडं बघून त्यांनी काय केलं असतं, हा विचार तिच्या मनात येत होता. ती तशीच अंथरुणावर पडली. तो आला. त्या रात्रीच्या प्रणयात जीव नव्हता. ती सवयीनंच त्याला प्रत्युत्तर देत होती. त्याच्या ते लक्षात आलं, मग तो कूस वळवून झोपून गेला. ती जागीच होती.

सकाळी उठून तिनं आवरलं. तो नाश्ता करायला आला तेव्हा त्याच्या चेहऱ्यावर तिला 'मग काय ठरवलंस?' हा प्रश्न स्पष्टपणे जाणवला. तिनं चेहरा निर्विकार ठेवला होता. निर्णय घ्यायला अजून एक दिवस मुदत होतीच. ती काम करीत राहिली. त्याची कामावर जायची वेळ होताच तो निघून गेला. आवरता आवरता संध्याकाळी त्याचं मन वळवायचा एक प्रयत्न करायचाच असा तिनं निश्चय केला. हा निश्चय करताच तिला बरं वाटलं. शांत मनानं तीही कामावर गेली. मनातल्या मनात तिची तयारी सुरू होती. आपण कशी सुरुवात करायची, तो काय बोलेल, आपण काय उत्तर घ्यायचं, वगैरे प्रश्न प्रतिप्रश्नांचा चाळा सुरू होता. संध्याकाळी घरी येऊन तिनं चहाचं आधण गॅसवर ठेवलं, तोपर्यंत तो आलाच. खरं तर दिवसभराच्या तिच्या तयारीत तीच तो विषय काढणार होती; पण का कोण जाणे तिनं ते टाळलंच. तोच काहीतरी बोलेल म्हणून ती वाट पाहत होती. थोडा वेळ तोही काही बोलत नव्हता. मग त्यानं तो विषय काढलाच.

"मग काय ठरलं?" त्यानं विचारलं.

तिच्या हातातला कप हलला. त्याचा बशीवर आवाज झाला तिची त्याच्याकडं पाठ हाती. तिनं गॅस बंद करण्यासाठी कापणाऱ्या हातांनी कपबशी खाली ठेवली. दुधावर झाकण ठेऊन ती वळली.

"मी काय ठरवणार, पण तरी ते मनाला पटत नाही. आपण निसर्गला 'बायपास' करतोय. अशा गोष्टींनी — जर इतिहासापासून धडा घ्यायचाच — तर कुणाचाच कधी फायदा झालेला नाही. त्यातून काय मिळणार, कशासाठी करायचंय हे?" तिचा आवाज कापरा झाला होता. तो उठला. तिच्याजवळ आला. तिच्या खांद्याला धरून त्यानं तिला खुर्चीत बसवलं. तिच्या केसांवरून हात फिरवला.

"ते मी तुला सांगितलंच. अगं, विज्ञानाच्या इतिहासात आपलं नाव त्यामुळं कायमचं नोंदवलं जाईल." तो म्हणाला.

"तुला लुईस ब्राऊनच्या आईचं नाव आठवतयं? बेबी ओमच्या आई बापांचं नाव आठवतंय? पहिल्या नलिका बालिकेला जन्म देणारे डॉ. स्टेपटो अमर झाले. तिची आई अज्ञात सैनिक राहिली. भाड्याच्या गर्भाशयातलं पहिलं मूल शास्त्रीय इतिहासात नोंदलं गेलं, तिच्या पालकांचं नाव अज्ञात राहिलं. डॉली अमर झाली; तिच्या आईचं काय? भले ती मेंढी असेल," ती जरा जोरातच म्हणाली.

"अगं खुळे, जनसामान्यांचं सोड पण निदान या सर्व आईबापांची कागदोपत्री तरी नोंद आहे की नाही?"

"मला हे तुझं म्हणणं पटत नाही, पण ते स्वीकारलं असं घटकाभर मान्य करुया. मला एक सांग, की हे अमेरिकन शास्त्रज्ञ भारतात येऊन हे प्रयोग का करताहेत?"

''तेही मी तुला सांगितलं. अजयनं त्यांना आमंत्रण दिलं. एका कॉन्फरन्सला ते भेटले होते. अमेरिकेत अशा प्रयोगांवर बंधनं आहेत. ते दुसऱ्या एखाद्या देशात जायच्या प्रयत्नात होतेच. त्यांना अजय भेटला. आता त्यांच्या यशात अजयचाही वाटा असणार आहे. नोबेल मिळालं तर अजयलाही मिळेल. शिवाय आपला फायदाही आहेच.

''अगं ते त्यांच्या दृष्टीनं कमी आहेत. आपण केवळ ह्या प्रयोगात भाग घ्यायची तयारी दाखवली तर ते आपल्याला काही लाख रुपये देणार आहेत. माझ्या नावावर दोन पेटंट आहेत. कोण विचारतंय मला. ते पैसे मिळाले तर माझा स्वतःचा कारखाना सुरू करता येईल. तुला तुझ्या संशोधनाला पैसे मिळतील आणि आपल्याला काही निवडलेल्या गुणांनी युक्त असं एक निरोगी बाळ मिळेल.'' तो म्हणाला.

''हे बघ! आपल्या दोघांत काय वैगुण्य आहे? बरं, आपल्याला कुठल्याही वैद्यकीय मदतीशिवाय मूल होऊ शकतंय, आपण दोघंही हुशार आहोत दिसायला बरे आहोत, स्वभावानं – हा तुझा हट्ट सोडला तर वाईटही नाही; मग हे कशाला?''

''मी तुला सांगितलंच. पैसा हे एक कारण आहेच पण आता जगात सर्वत्र केवढी स्पर्धा वाढतोय बघ. अशा परिस्थितीत आपल्या मुलात आपण निवडलेले चार चांगले गुणधर्म नक्की येतील, ह्याची खात्री करून घेता आली तर बिघडलं कुठं?''

अखेरीस ती तयार झाली. नैसर्गिक पद्धतीनं मूल होणं शक्य असूनही कृत्रिम गर्भधारणेस तयार झाली. हे मूल तिचं आणि त्याचंच असणार होतं. फक्त त्याच्या गुणसूत्रांमध्ये थोडा बदल करून थोडी भर टाकण्यासाठी बीजांडफलन प्रयोगशाळेत घडणार होतं. तिला मनापासून पटत नसलं तरी 'अर्थस्य पुरुषो दासः।' प्रमाणे 'अर्थस्य मानवो दासः।' अशा बदलत्या काळानुरूपच्या उक्तीस ती बळी पडली. 'सर्वेगुणः कांचनमाश्रयन्ति,' ही म्हण अशा तऱ्हेनं खरी ठरेल असं तिला स्वप्नातही वाटलं नव्हतं. नव्या गुणांनी युक्त असं ते फलित बीजांड पुन्हा तिच्या गर्भाशयात ठेवल्यावर अजय म्हणाला; 'पूर्वी गर्भाधान विधी व्हायचा पण गर्भधारणेची खात्री नसे, आता गॅरंटीड 'गर्भाधान' करता येतंय!' सगळे हसले. ती घरी आली. यथावकाश तिला डोहाळे लागले. मग पूर्ण दिवस भरल्यावर ती बाळंतही झाली.

''अरे, त्या अजयची आणि माझी तू ओळखही करून दिली नाहीस.'' तो तिला भेटायला आला तेव्हा ती म्हणाली.

''खरंच की; माझा खूप जुना मित्र आहे तो.'' तो म्हणाला. त्या अजयनं खरं तर तिला दोन-तीनदा तपासलं होतं. पण हातात रबरी मोजे, तोंडावर फक्त डोळे दिसतील अशी पट्टी. मग तो निघून जायचा. तिला गुंगीचं औषध देण्यात आलं

तेव्हा तो हसून म्हणाला होता,

"काळजी करायचं कारण नाही. ते होणारं बाळ तुमच्यापेक्षा माझ्या दृष्टीनं फार महत्त्वाचं आहे" बस एवढंच.

नंतर तिचं बाळंतपण त्याच्या देखरेखीखाली पार पडलं होतं; पण प्रसूतिवेदनांमुळं तेव्हा तिला आजूबाजूच्या जगाचं भानच नव्हतं. त्यावेळी तिच्या अवतीभोवती आणखी दोन दाई होत्या. एक डॉक्टरीणबाई होत्या.

नंतर काही दिवसांनी अजय अमेरिकेत गेल्याची त्यानं बातमी आणली. अजयनं निरोप दिला होता; "बाळात काहीही दोष जाणवला, किंवा काही वेगळी शंका आली तर लगेच कळवा. हा पहिलाच प्रयोग होता म्हणून म्हणतोय."

दरम्यान बातमी आली– भारत सरकारनं अशा प्रयोगांवर बंदी आणली. अमेरिकेत अजयवर सन्मानांचा पाऊस पडला होता. त्यानं काही इतर सहकाऱ्यांच्या मदतीनं आनुवंशिक रोगांचे जीन काढून त्या जागी दुसरे गुणधर्मवाहक जीन बसवून त्या मुलांची आनुवंशिक रोगांपासून मुक्तता केली होती; त्याचं नाव ह्यामुळं गाजत होतं. बाळाच्या जन्मदिनी अजयचं ग्रीटिंग कार्ड आठवणीनं येत होतं. बाळ वाढत होतं. तिला मधूनच शंका येत होती. तो जाताना म्हणाला तसं काही बाळात नाही ना हे ती तपासून बघायची.

"तो असं का म्हणाला असेल रे?" तिनं विचारलं.

"हॅ! त्यात काही अर्थ नाही! तोच म्हणाला तसं. पण त्याचाही हा पहिलाच प्रयोग म्हणून त्याला काळजी वाटते एवढंच. त्याच्या मते काही जीन मूल वयात येईपर्यंत एक काम करतात, मग कार्य थांबवतात, चाळिशीनंतर दुसरंच काम त्यांच्यावर सोपविण्यात येतं, तर काही वेळा ह्या जीनमधला थोडा बदल देखील प्रत्यक्ष आयुष्यभरात खूप मोठा ठरतो. सेंटीमीटरच्या लक्षांश भागाचा खेळ आहे ना तो? खरं तर तुलाच त्याची जास्त माहिती असायला हवी."

तेही खरंच होतं. ती जीवरसायनशास्त्रात संशोधन करीत होती. तेवढ्यासाठी तरी अजयनं भेटायचं. काही वेळा तिला वाटायचं की प्रयोग फसण्याची भीती वाटत असावी म्हणून अजय तिला भेटायचं टाळत असावा. कधी तिला तो विनोद आठवायचा; पहिल्यांदा ऐकला तेव्हा ती मनापासून हसली होती पण आता तो विनोद आठवला की ती कावरीबावरी व्हायची.

'डॉक्टर शस्त्रक्रिया करताना तोंडावर पट्टी का बांधतात?'

'शस्त्रक्रिया नक्की कुणी केली हे रुग्णाला कळू नये म्हणून!' असा तो विनोद आता तिला जीवघेणा वाटू लागला होता. बाळाच्या काळजीनं एकप्रकारे मनोरुग्णच बनली होती. त्यानं आता मूल नकोच, असं म्हटलं तेव्हाही त्यामुळंच झटकन 'होकार' दिला होता. शस्त्रक्रिया करवून घेतली होती; बिन टाक्याची.

बाळ वाढत होतं. ती नोकरी सोडायच्या विचारात असतानाच अचानक तो गेला. विचार करायलाही तिला वेळ मिळाला नाही. त्यामुळं तिची नोकरी चालूच राहिली. 'घार हिंडते आकाशी लक्ष तिचे पिलापाशी' अशा तऱ्हेनं तिची नोकरी चालू होती. तो गेल्यावर एक दहा हजार डॉलरचा चेक बाळाच्या नावानं आला होता. बाळाच्या नावे ट्रस्ट करून त्यात तो भरावा अशी त्यात विनंती होती. खरं तर त्यांनंही विमा उतरवलेला होताच, तिची नोकरी चालू होती. अशा परिस्थितीत ह्या पैशांची तिला गरज नव्हती.

तो नेहमी म्हणायचा, "बाळाला काही कमी पडता कामा नये, म्हणून मी विमा उतरवलाय. जे काय करायचं ते पुढच्या पिढीसाठी, म्हणून हा एवढा मोठा फ्लॅट घेतलाय. माणूस जे काही करतो ते आपले जीन टिकून राहावेत म्हणून.'' मग तो तिला सांगायचा, "तुमचं शास्त्र काय म्हणतं, सगळं वंशसातत्यासाठीच तर करायचं ना?'' त्यानं रीडर्स डायजेस्टमध्ये असा एखादा लेख वाचलेला असायचा, 'हे बघ, शेवटी सगळं बाळासाठीच.' खरं तर तिचा जीव बाळावर अधिक की त्याचा, हे सांगणं अवघड होतं. बाळही गुणी निघाला होता. अभ्यासू होता. अगदी सौम्य, मनमिळावू आणि विचारी स्वभावाचा होता. काहीसा लाजाळू होता. पहिल्या काही क्रमांकात पास होणारा होता. तो खूप मोठा व्हावा म्हणून तर त्यांनी जीवअभियांत्रिकीचा वापर केला नव्हता का?

पण बाळ प्राथमिक शाळेत असतानाच तो गेल्यानं ती हिरमुसली. एक तर प्रेमळ साथीदार गेल्याचं दुःख, एकटेपणा आणि बाळ मोठा व्हावा, किंबहुना आपलं जे मूल होईल ते जगद्वंद्य व्हावं, त्यानं घराण्याचं नाव काढावं, ह्या इच्छेनं त्यानं तो प्रयोग केलेला आणि डाव अर्ध्यावर सोडून तो निघून जावा, हा सल तिला होता. कुठंतरी एक अपराधीपणाची भावना, आपल्या एकट्यावर पडलेली जबाबदारीची जाणीव, अशा मानसिक गुंत्यात ती गुरफटली होती. आपल्या बाळाच्या प्रेमातील वाटेकरी गेला, असा तो विचार अपराध जागवायचा, गरज नसताना. मग ती बाळाला जवळ घ्यायची.

तो गेल्यावर अजयचं आलेलं पत्र: 'झालं ते वाईट झालं. चिरंजीवांना जपावं, ट्रस्ट करावा. माझं इथूनही माझ्या प्रयोगावर लक्ष आहे. आनुवंशिकता महत्त्वाची की परिस्थिती? हा एक विचार आहेच. त्यानं जायला नको होतं,' वगैरे, समाचाराचं पत्र होतं ते. त्यात हा मजकूर. तिनं ट्रस्ट केला. तो गेल्यानंतर बाळनंच तिची समजूत घातली होती. 'माझ्या वर्गात इतरही मुलं आहेत अशी. काहींना तर दुसऱ्यांच्या घरी काम करून सांभाळणाऱ्या आया आहेत. त्या भावंडांचं बोलणं मी

ऐकलं. ह्या परिस्थितीत तू धीर धरायला शीक!' पाचवीतला पोरगा आईला सांगतोय. ती थक्क! हे अतीच झालं. त्या प्रयोगाचं हे फलित असणार. तिनं गृहीत धरलं.

बाळ मोठा झाला. यशामागून यश मिळवत होता. त्याच्या शिक्षणाला पैशांचीही कमतरता नव्हती. तो दहावी झाला. अमेरिकेतून चेक आला. तो बारावी झाला अमेरिकेतून चेक आला. त्याचं शिक्षण संपलं. एका ख्यातनाम अमेरिकन विद्यापीठात त्याच्यासाठी प्रवेश घेतला गेला. हे सगळं अजयच्या कृपेनं होत होतं. ट्रस्टमध्ये खरोखर कैक लक्ष रुपये जमा होते. अमेरिकेत जाणाऱ्या बाळला तिनं अजयची भेट घ्यायला सांगितलं. बाळ अमेरिकेत गेला तेव्हा अजय त्याला घ्यायला आला होता. तो ख्यातकीर्त शास्त्रज्ञ बाळाला घरी घेऊन गेला होता. त्यानं बाळाची स्वत:च्याच घरात व्यवस्था केली होती. त्याला फुप्फुसांचा कर्करोग होता. तो रुग्णालयातून बाळाला घरी घेऊन गेला होता. बाळाबरोबर दोन दिवस राहून तो परत रुग्णालयामध्ये गेला. बाळानं आईला पत्र लिहिलं.

"डॉ. अजयनी माझी खूप काळजीपूर्वक वास्तपुस्त केली. ते आता काही दिवसांचेच सोबती आहेत. शक्य झाल्यास तुला त्यांना भेटायचंय. माझ्या शिक्षणाची सर्व सोय त्यांनी करून ठेवली आहे. तू येतेस का?"

तिनं जायची तयारी केली. ती विमानात असताना तिला एक हुरहुर लागून राहिली होती. आज तो असता तर? अखेरीस हा त्याचा मित्र, डॉ. अजय तिला भेटणार होता. विमानतळावर बाळ आला होता. बाहेर अजयचा शोफर गाडी घेऊन हजर होता. ह्यापूर्वी एक दोन वेळा ती परिषदांसाठी आठवडा दोन आठवड्यांसाठी युरोपमध्ये तर एकदा इंग्लंडमध्ये जाऊन आलेली होती. पण अमेरिकेची भव्यता वेगळीच होती.

"घरी जाऊन विश्रांती घे! संध्याकाळी अजयना भेटायला जायचंय!" बाळनं गाडीत सांगितलं होतं. अजयची तब्येत तशी फारशी ठीक नव्हती. 'काही दिवस,' असंच त्या सॅनेटोरियमचे डॉक्टर म्हणाले होते. नर्सनं दार उघडून त्यांना त्या खोलीत नेलं. भव्य दालनच होतं ते खोली नव्हतीच. मध्यभागी बिछाना आजूबाजूस भेटायला आलेले बसावेत तरी रुग्णाला त्रास होणार नाही अशी व्यवस्था. समोरची भिंत हाच टीव्हीचा पडदा. त्या बिछान्यातला रुग्ण मात्र ओळखू येणार नाही इतका सुकलेला. एक हात बाहेर होता. हाडावर सुरकुतलेली त्वचा. बाकी अंग पांघरुणांनी झाकलेलं होतं. बोलणं तर अवघडच, कारण फुप्फुसाचा कर्करोग. हात हलला. तीच परवानगी गृहीत धरून ते बसले.

"आपण डॉ. अजय! किती केलंत माझ्या मुलासाठी?" तिच्या डोळ्यांत पाणी होतं. हातानं नकारार्थी हालचाल केली. नर्स आली. तिनं बाळला डॉक्टरनी बोलावल्याचं

सांगितलं. मग तिनं पांघरूण छातीपर्यंत खाली केलं. हात जोडले गेले. ''मला क्षमा करशील अशी आशा आहे!'' क्षीण पण स्पष्ट आवाज. नर्सला मराठी कळणं शक्यच नव्हतं.

''क्षमा? क्षमा कशाबद्दल?'' तिनं गोंधळून विचारलं, हात हलले. त्या आफ्रोअमेरिकन नर्सनं एक लिफाफा तिच्या हाती दिला. ती निघून गेली दार लावून गेली. मान हलली, 'वाच' या अर्थी. तिनं लिफाफा उघडला, वाचू लागली.

''मी आणि त्यानं तुला एकदम बघितलं. माझा तुझ्यावर जीव जडला. आम्ही अगदी जवळचे मित्र. मी त्याच्याजवळ भाबडेपणानं बोलत गेलो, तो ते ऐकत होता. नंतर मला कळलं त्यानुसार दरम्यान त्याची नि तुझी ओळख वाढली. तो मला न सांगताही ओळख वाढवत गेला. पदव्युत्तर अभ्यासासाठी मला अचानक परदेशी जायची संधी आली. तू इतक्यात लग्न करायच्या विचारात नाहीस, अशी त्यानं बातमी आणली. माझा इकडचा मुक्काम वाढला. तसा मी मुखदुर्बळ. ह्याचा त्यानं फायदा घेतला. मी परतण्याआधी तुमचं लग्न झाल्याचं तिसऱ्याच एका मित्रानं कळवलं, ह्यानं नव्हे. मी तो धक्का पचवला. भारतात परतलो तेव्हाच पुढची सगळी योजना आखली होती मी. हुशार होतो. संशोधनात रस घेत होतो. जनन अभियांत्रिकीच्या साहाय्यानं मानवी आनुवंशिक रोग कसे दूर करता येतील, ह्या माझ्या विषयातल्या संशोधनात मी अग्रणी होतो. त्या वयातच ती पेटंट माझ्या नावावर होती.

भारतात आलो. त्याची माहिती मिळवली. पुन्हा भेटलो तेव्हा तुला विसरलो असं भासवलं, इकडं खूप मैत्रिणी असल्याचे किस्से मद्यपान करता करता सुनावले. तो आणि मी पूर्वी खूप जवळचे मित्र होतो. आपल्याला नाव कमावेल असं मूल हवं असे तो बरेचदा म्हणे; एकदा मित्रांच्या गप्पांत तो विषय निघाला. कुणाला हवं तसं मूल मिळणं कसं शक्य आहे, हे मी बोललो. त्याचा एक काका अर्धवट होता. तो पुढं घरातनं पळून गेला होता. ते मला ठाऊक होतं. तसं मूल त्याला होणं शक्य आहे हे मी त्याला मद्य प्राशनानंतर सांगितलं होतं. तो मग एकदा मला जेवायला घेऊन गेला. माझ्या जाळ्यात सापडला तो. मी त्याची ती भीती, काकासारखं मूल व्हायची भीती वाढवली. माझे काही शोधनिबंध त्याला वाचायला दिले. त्याला त्यातलं काही कळणार नाही ह्याची मला कल्पना होतीच. त्यानं ते तुला दाखवले असते तर माझा डाव कदाचित फसला असता; कदाचित नसता. एखादी कल्पना त्याच्या डोक्यात शिरली की शिरलीच. तसंच घडलं. मी कुठलाही जीन काढला नाही, बदलला नाही. माझ्या शुक्रजंतूंनी ते फलन करून तुझी गर्भधारणा केली. वेड्या काकाच्या भीतीनं तो पुन्हा मूल होऊ देणार नाही ह्याची मला कल्पना होती. मी त्याचा सूड घेतला,

कारण त्यानं मला फसवलं होतं. ही खरंतर व्यावसायिक प्रतारणा आहे; पण कधी कधी भावना कर्तव्यावर मात करते. बाळ माझा आहे, तुझा आहे. जे जे माझं आहे ते ते त्याचं आहे. क्षमा कर.'' खाली सही. त्याचे हात जोडलेले.

तिला आता त्याचा तो अमेरिकन मित्र आठवला. मग लक्षात आलं बाळ कुणासारखा दिसतो. त्याला क्षमा करणारी ती कोण? त्यानंच हा अजय किती व्यसनी आहे. अमेरिकेतून येणाऱ्या त्याच्या पत्रातले त्याचे पराक्रम, त्याची अश्लील पत्रे ह्यांचं रसभरीत वर्णनं केलं होतं आणि तिला मिळवली होती. तिच्या डोळ्यांत अश्रू आले. ते पुसत ती पुढे झाली. त्याचे हात तिनं हातात घेतले. तेव्हा तिच्या लक्षात आलं, क्षमा करायच्या आधीच तो क्षमा करायच्याही पलीकडं पोहोचला होता. तिनं पत्र लिफाफ्यात ठेवलं. ते पर्समध्ये घातलं आणि नर्सला बोलवण्यासाठी बेल वाजवली.

■

कवळलेले भास

तो घरी आला. थबकला. त्याच्या दारावर काहीतरी अडकवलेलं होतं. त्यानं जवळ जाऊन बघितलं. त्या निळ्या कागदाची घडी काढून हातात घेतली. त्याच्या हातात असलेल्या त्या कागदाची घडी त्यानं उलगडली. त्याच्या मेंदूत प्रकाश पडला. ते पत्र होतं. त्यावर 'पाराक्रियाँ, एअरोग्राम, हवाई पत्र' असं लिहिलेलं होतं. शेवटची अक्षरं वाचायला त्याला तसा वेळच लागला. पंचवीस-तीस वर्षांनी तो देवनागरी लिपी वाचत होता. हे पत्र त्याच्या जन्म देशातून आलेलं होतं. भारत सोडल्यावर तो तिकडं फिरकलाच नव्हता. ते पत्र कसं उघडावं हा प्रश्न त्याला पडला. त्यानं ते उलटसुलट करून बघितलं. 'टू ओपन कट हिअर!' ही इंग्रजी सूचना त्यानं वाचली. त्यासोबतची देवनागरी सूचना वाचायची मग त्याला गरज भासली नव्हती.

त्यानं पत्र उघडलं. एक-एक अक्षर नवसाक्षरासारखं तो वाचू लागला. पत्रावर आठ दिवसांपूर्वीची तारीख होती. त्याची आई आजारी होती, असं त्याच्या बहिणीनं कळवलं होतं. त्यानं ते पत्र खाली ठेवलं त्याला आई आठवली. त्याला त्याचं बालपणही आईबरोबरच आठवलं. मग त्याच्या लक्षात आलं, की आधी ते पत्र एकदा परत वाचावं म्हणजे नक्की काय झालंय ते कळेल. त्यानं परत पत्र वाचलं. आई शंभरीच्या घरात होती. तिच्यावर उपचार करून तिचं आयुष्य वाढवणं योग्य होणार नाही, असं ताईचं मत होतं. भारतात ते उपचार काही विशिष्ट रुग्णालयात होत असले तरी ते महाग होते. ताईही आता साठीच्या पुढं होती. तिची मुलं 'तुझ्यासारखीच'. ताईनंच तसं म्हटलं होतं. म्हणजे भारतात नव्हती. अशा परिस्थितीत साध्या उपचारांवरच भागवणं योग्य होईल, असं ताईनं ठरवलं होतं.

तो जेव्हा त्याचं लहानपण आठवू लागला तेव्हा अशा परिस्थितीत आपण जगत होतो, याचंच त्याला आश्चर्य वाटलं होतं. तो बऱ्या आर्थिक परिस्थितीत

असलेल्या मध्यमवर्गीय भारतीय कुटुंबात जन्माला आला होता, पण तरीही त्यांच्या घरात संगणक नव्हता. एकविसाव्या शतकाचा सुरुवातीचा काळ. तेव्हा संगणक महाग होतेच, पण त्यांचा आकारही बराच मोठा होता. ते घरात दोन-तीन चौरसफूट जागा व्यापत होते. अशाही परिस्थितीत त्यानं संगणकाचं प्रशिक्षण त्याच्या इतर अभ्यासाबरोबरच पूर्ण केलं होतं आणि संधी मिळताच तो भारताबाहेर पडला होता. आता तर तो आपण एकेकाळी भारतीय होतो हे पूर्णपणे विसरायच्याच मार्गावर होता.

आई गेली. जिनं आपल्याला जन्म दिला ती आई गेली. अशा वेळी दुःख वाटायला हवं असं त्याला वाटलं. मनातूनसुद्धा 'अरे, आई गेली बरं का?' अशी एक सूक्ष्म पोकळी त्याला जाणवू लागली होती. मात्र ती कशामुळे निर्माण झाली असावी हे त्याला सांगता येत नव्हतं. कदाचित भारत सोडल्यास त्यानं परत कधी आईचं दर्शन घेतलं नाही म्हणून ही पोकळी होती, हे त्याला कळलं नव्हतं. नंतर त्यानं पत्र परत बघितलं. त्यात आई गेली, असं कुठंच म्हटलं नव्हतं. तरी आई गेली असं आपण का गृहीत धरावं हे त्याला कळेना. त्यानं ते पत्र तसंच टाकलं.

''काही संदेश आहे का?'' त्यानं संगणक पटलाला प्रश्न केला.

''हो!'' उत्तर आलं.

''एक एक करून वाचून दाखव!'' त्यानं आज्ञा दिली, मग तो एकदम म्हणाला, ''आधी माझ्या नातेवाइकांचे संदेश असले तर वाचून दाखव!'' संगणक बोलू लागला. एका स्त्रीचा स्वर होता तो. खरं तर जी बातमी तो सूर देत होता, त्या बातमीयोग्य तो नव्हता.

त्याच्या भाच्याचा संदेश होता

''आजी वारली. मी भारतात जाऊ शकत नाही. आईशी संपर्क साध. व्हिडिओफोन लेटेस्ट मॉडेल बसवला आहे.'' संदेश संपला पुढचा संदेश...!

''थांब! माझ्या बहिणीशी संपर्क प्रस्थापित कर.''

''जशी आपली आज्ञा, सर.'' संगणकातली सुंदरी म्हणाली. ताईला अजून तो व्हिजीफोन वापरायची सवय नसावी, त्यामुळे तिचं चित्र स्थिरावून संपर्क प्रस्थापित होण्यात थोडा वेळ गेलाच. पडद्यावर ताईचं चित्र आलं होतं. साठीच्या पुढं असून ती तरुण वाटत होती. जैवतंत्रज्ञानाची कमाल आहे, तो स्वतःशीच म्हणाला, स्वतःवर खर्च करायला हिच्याजवळ पैसे होते, पण आईला हिनं मरू दिलं. असा एक विचार त्याच्या मनात डोकावला. नंतर लगेचच त्यानं मनातल्या मनात जीभ चावली. तिनं आईला निदान शेवटपर्यंत सांभाळलं होतं. आईची सेवा केली होती. आपण तर आईला भेटलोच नव्हतो. ती म्हणाली होती, 'जातोस तर जा, पुन्हा तोंड बघू नको!' आईची एवढी एकच आज्ञा आपण शिरसावंद्य मानली होती.

एकदा घर सोडलं ते परत न फिरण्यासाठी. कामासाठीदेखील भारतात जायचं टाळलं होतं. चुकून मोह व्हायचा, घरी जायचा. सगळ्या पृथ्वीवर पायावर चक्र असल्याप्रमाणे भ्रमंती केली, पण भारतमातेला पदस्पर्श होणार नाही, याची कायम काळजी घेतली. आईची कितीतरी पत्रं आली. सूनमुख बघायचंय. तू राग आवर. मी माफी मागते. इथं आलास, तर सर्वांसमक्ष पाया पडते; पण परत ये, लग्न कर. वंश पुढं चालवायला हवा. प्रत्येक पत्रात तिची माफी मागायची तयारी असल्याचा उल्लेख असे. त्यानं एकाही पत्राला उत्तर दिलेलं नव्हतं. ती पत्रं त्याच्या तिजोरीत होती. जपून ठेवलेली. ती का ठेवली हेही त्याला ठाऊक नव्हतं. वडील आधीच गेलेले, त्या वेळी तो रडला होता. त्याचं शिक्षण तेव्हा संपत आलं होतं. वडिलांचे सगळे अंत्यसंस्कार त्यानेच पार पाडले होते. क्षौर केलं होतं. अस्थिविसर्जन गंगेत व्हावं ही आईची अपेक्षा होती. त्यानं तेवढ्यासाठी वेळ मिळताच आईला हरिद्वारला नेलं होतं. सर्वांनी त्याचं कौतुक केलं होतं. मग आईचं तुणतुणं सुरू झालं. वर्ष व्हायच्या आत लग्न कर. नाही तरी शिक्षण संपलंय. तूच म्हणतोस तसं नोकरीसाठी अनेक ठिकाणाहून बोलावणी येताहेत. तूच तसं सांगतोस. चांगली मुलगी बघून लग्न कर. हवी तर नोकरी करणारी कर; पण कर. तुला हवी तशी कर. तुझ्या पसंतीची कर. कुणाशी ठरवलं असलंस तर तिच्याशी कर. मी जातपात, धर्म काहीच विचारणार नाही, पण मला सूनमुख बघू दे. अहेवपणी जायची इच्छा अपुरी राहिली. एवढी तरी इच्छा पूर्ण कर.

त्याला इतक्यात लग्न करायचं नव्हतं. का? कारण नाही. मुलींशी त्याला 'सख्त नफरत' वगैरे काही नव्हतं. काही मैत्रिणी होत्या. एखादी सुंदर घाटदार मुलगी बघितली तर 'ही आपल्याला हवी' असंही वाटत होतं. कॉलेजात हॉस्टेलवरच्या मित्रांबरोबर कामशास्त्राचे फंडाज क्लिअर झालेले होते. इंटरनेटवरच्या त्या साईट्स बघून झाल्या होत्या. एक दिवस आपण लग्न करू, हे त्यालाही जाणवत होतं, पण ब्रह्मदेवानं आपली हिच्याशीच गाठ मारलीय, असं वाटावं अशी मुलगी समोर येत नव्हती.

आपल्याला बायको कशी हवी याबद्दलही त्याचे विचार सुस्पष्ट नव्हते. लग्नाबद्दल मित्रांमध्ये जी टिंगलटवाळी होत असे त्यात ते भाग घेत होताच. अजून त्याच्या ग्रुपमध्ये कुणाचंच लग्न झालेलं नव्हतं. कुणाचीही लग्न करायची मानसिक तयारी नव्हती. विनोद करणं वेगळं, पण लग्न करणं तितकसं सोपं नाही, हेही प्रत्येकाला जाणवत होतं; पण आज ना उद्या आपण लग्न करणार याची प्रत्येकाला खात्री होती. स्वतःची विकेट जाऊ द्यायला मात्र त्यांच्यापैकी कुणाची तयारी नव्हती.

अशा परिस्थितीत एक दिवस आईची कटकट टळावी म्हणून तो घराबाहेर पडला होता. परत घरी आला तर आई त्याची वाट बघत होती. त्याचं स्वागत

करतानाच ती म्हणाली, ''बरं झालं आलास. ही मुलगी बघ. तिच्यात काही वाईट नाही. चांगली सुशिक्षित आहे. देखणी आहे. सुंदर आहे. असं म्हणत आईनं हाक मारताच एक मुलगी त्याच्यासमोर येऊन उभी राहिली, हसली. मग तिनं हात जोडून नमस्कार केला. स्वतःचं नाव सांगितलं. मुलगी नाही म्हटलं तरी सुंदर होती. तो गोंधळला. त्यांनीही प्रतिनमस्कार केला. मग त्याचं माथं सरकलं. तो सरळ स्वयंपाकघरात शिरला. आईला नाही नाही ते बोलला. त्या मुलीला म्हणाला, ''यात तुमचा काही दोष नाही. तुम्ही आता जा.'' मग आई त्याला बोलली. यातच कुठंतरी तू मला मेलास, मी तुला मेले इथपर्यंत वाद गेला. तो घरातून खरोखरच नेसत्या वस्त्रानिशी बाहेर पडला आणि थेट अमेरिकेत पोहोचला. नव्या माहिती युगात रमला. काही शोध लावले. श्रीमंत झाला.

तिथं त्याला मैत्रिणी मिळत होत्या. जात होत्या. पुढं त्यातली एक स्थिरावली. तिच्याबरोबर तो...

कर्कश सूचनेच्या पिपाणीनं तो भानावर आला. भारताशी दृक्भाष संपर्क व्यवस्थितपणे प्रस्थापित झाल्याची ती संगणकी सूचना होती.

ताईचा चेहरा आता संगणक पटलावर स्थिरावला.

''आई गेली, तू केव्हा येतोस?''

''आईला कुठं ठेवलंय?''

''हॉस्पिटलात ठेवलंय, दुपारी घरी आणायचंय.''

त्यानं संगणक पटलावरच आकडेमोड केली. हायपर प्लेन घेतलं, तर तो तीन तासांत मुंबईला पोहोचू शकत होता. पुढं दीड तास. लगेच निघायला हवं, पण जाऊन तरी काय करणार? इथं एवढी कामं पडलीत. अक्षरशः ढीग लागले होते. तो कामाचा पसारा उरकणंच महत्त्वाचं नव्हतं का? आई तर गेली. ती काही परत येणार नव्हती.

''मग?'' त्यानं विचारलं.

''आईचे अंत्यविधी करायला तू हवास! गुरुजींना सांगायला हवं; गुरुजी नसले तर मग टेपची व्यवस्था करावी लागेल.'' ताई बोलत होती. त्याला आठवत होतं तेव्हापासून वैकुंठात आणि इतर अनेक ठिकाणच्या स्मशानांमध्ये अंत्यविधीच्या ध्वनिमुद्रित फिती होत्या. गुरुजींची वानवा असेल तेव्हा ध्वनिमुद्रित फिती वाजवून अंत्यविधी करण्यात येत होते. किंबहुना आजकाल सत्यनारायणापासून इतर अनेक धार्मिक विधीसाठी गुरुजींची जागा ध्वनिफितींनी घेतली होती...

''तुझा अजिबात वेळ जाणार नाही!'' ताई बोलतच होती...

त्याला आठवली ती त्याची जिवाभावाची मैत्रीण. जिच्या सहवासात त्याच्या आयुष्याची अनेक वर्षे सुखात गेली होती. त्यांनी लग्न केलं नव्हतं. पण तरीही ते

लग्नाच्या नवरा-बायकोपेक्षाही अधिक जवळ होते. त्यांच्या अनेक मित्र-मैत्रिणीचे विवाहविच्छेद होत असताना यांचा संसार सुखानं चाललेला होता. मुलं शिकत होती. मोठी झाली होती. ती एका कामासाठी कुठंतरी गेली होती. त्याच वेळी याला तिची आठवण झाली होती. ''तू येऊन जा! माझा सन्मान करताहेत! तू हजर असावंस असं वाटतंय. तुझा अजिबात वेळ जाणार नाही.'' ती 'हो' म्हणाली. तिचं विमान तिच्यासह २५८ प्रवासी घेऊन एका हिमवादळात नाहीसं झालं. 'तुझा अजिबात वेळ जाणार नाही' यावर तिनं विश्वास ठेवला होता. त्यानं चाळा म्हणून जवळचं बटण दाबलं. उजेड पडला, हलला, स्थिरावला. त्याच्यासमोर खुर्चीत ती स्थिरावली. हुबेहुब तीच. फक्त लेझर त्रिमित प्रतिमेमध्ये होती ती. स्पर्शविहीन. ठरावीक वाक्यं बोलणारी ती.

तिच्या मृत्यूचं दुःख त्याला असह्य झालं. तो मद्यपानाच्या आहारी जाणं ही एक शक्यता समोर होती. तेव्हा त्याच्याच कंपनीच्या व्ही.आर. डिव्हिजनच्या प्रमुखानं त्याला ती कल्पना दिली होती. ते दोघं तसे अगदी जवळचे मित्र होते. तो आफ्रिकन अमेरिकन होता. तो म्हणाला,

''मित्रा, तुम्ही भारतीय एखाद्या गोष्टीचा फार अतिरेक करता बघ! शोकालाही मर्यादा असतात. शिवाय व्हर्चुअल रिऑलिटीचं तंत्र आता किती प्रगत झालंय. या सत्याभासामुळं कुठलीही सजीव अथवा निर्जीव वस्तू आपल्या जवळच आहे असं आपल्याला वाटतं. मोजे स्पर्शसुख देतात. वेगवेगळ्या अवयवांवर मखमली आवरणं असतात. इलेक्ट्रॉनिक यंत्रणा तापमान नियंत्रित करतात. मी हे तुला सांगायची गरज नाही. म्हणशील त्या व्यक्तीला अंथरुणात आणल्याचा भास अस्तित्वात येतो. खऱ्या-खोट्याच्या सीमारेषा पुसल्या जातात. आता तर आपण हे सत्याभास प्रक्षेपित करू शकतो. तू मला तिचे पाच-दहा फोटो, एखादं दृक्चित्रीकरण दे, व्हिडिओ कॅसेट असेलच तिची. आठवड्यात तिला तुझ्याकडं पाठवतो.'' पहिल्यांदा त्याला ही कल्पना कशीशीच वाटली होती. मग त्याला त्याच्या लहानपणी वाचलेला; त्याच्या मामानं ऐकवलेला सुरेश भटांच्या गझलेमधील एक शेर आठवला —

नुसतीच तुझ्या स्मरणांची एकांती रिमझिम झाली
नुसतेच तुझे हृदयाशी मी भास कवळले होते
मरणाने केली सुटका जगण्याने छळले होते.

अजून तो सरणावर जायचा होता, पण तिची मात्र मरणानं सुटका केली होती. मग 'इतकेच मला जाताना सरणावर कळले होते' असं गुणगुणत त्यानं त्याच्या सत्याभास विभागाच्या प्रमुखास तिची लेझर निर्मित प्रतिमा – अलीकडं याला लेझर शिल्प म्हणू लागले होते – ती करायची परवानगी दिली होती. तीच समोर बसून

'मला तिथंच सोडून जाऊ नकोस' अशी विनवणी करत होती. समोर ताई बोलतच होती.

"अरे 'मरणांतानि वैराणी।' असं म्हणतात. ही तर तुझी प्रत्यक्ष आईच होती. तिच्या दहनाला तरी ये.'' त्यानं बटण दाबून आधी त्याच्या मैत्रिणीची प्रतिमा नाहीशी केली.

"आईच्या आत्म्याला बरं वाटेल!'' ताई म्हणाली. खरं तर जायला काही हरकत नव्हती. नाहीतरी त्यांच्या भारतीय उपविभागाचा प्रमुख बरेच दिवस बोलवत होता. जायचा खर्च 'टॅक्स डिडक्टीबल' होता. त्याच्या डोक्यात एक कल्पना आली. प्राण भी न जाए और वचन भी न जाये, अशी. त्यानं सत्याभास विभागाच्या आपल्या मित्राशी संपर्क साधला. त्याला सर्व सांगितलं. ताईला त्यानं पुन्हा संपर्क साधतो असं सांगून ठेवल्यानं तिची भुणभुण बंद झालेली होतीच. त्यामुळे तो त्याच्या मित्राला सर्व काही सांगू शकला, भारतातल्या उपविभाग प्रमुखाला सूचना गेल्या. कंपनीच्या पी. आर. विभागाला कामाला लावण्यात आलं. खर्चाची पर्वा करायचं कारण नव्हतं. एवढा प्रोमोचा चान्स परत येणार नव्हता. पुढं बरीच भारतीय गिऱ्हाइकं मिळणार याची त्याला खात्री वाटत होती. उपग्रहामार्फत संपर्कव्यवस्था राखून ठेवली गेली. खर्च आला, पण तो स्पॉन्सर वाटून घेणार होते.

त्यानं ताईला सूचना दिल्या. भारतीय कंपनीनं लेझर चित्रीकरणाची व्यवस्था केली. कंपनीच्या हिरवळीवर आईच्या कलेवरासह गुरुजींच्या प्रतिमेचं प्रक्षेपण झालं. सोवळं नेसून त्यानं त्या गुरुजींच्या सांगण्याप्रमाणे सर्व विधी केले. उलट्या प्रदक्षिणा घालून घट फोडला, बोंब मारली. या सर्वांचं लाइव्ह कव्हरेज झालं. तिकडं त्याच्या त्रिमित प्रतिमेनं आईच्या कलेवरास प्रदक्षिणा घालून बाकी सर्व विधी केले. मग आईचं प्रेत वैकुंठ विद्युत दाहिनीत ढकलून दरवाजे बंद झाले. या कार्यक्रमाचा खर्च वजा जाता स्पॉन्सरकडून जे पैसे आले, त्यातला त्याचा वाटा त्यानं त्याच्या शाळेला आईच्या नावे देणगी म्हणून पाठवला.

एकूण सगळ्यांचंच समाधान झालं. यथावकाश खरा कावळा खऱ्या पिंडीला शिवल्याचा निरोप आला. म्हणजे आईच्या आत्म्याचंही समाधान झालं होतं. अशाच कार्यक्रमाच्या काही ऑर्डर्स त्याच दिवशी कंपनीस मिळाल्या आणि तो कृतकृत्य झाला.

अपहरण

'**आ**जचा दिवस फार चांगला गेला, असं काही आपण म्हणू शकत नाही.' असा विचार करत त्यानं बंकवर पाठ टेकली. आता आठ तास तरी कशाचीही चिंता करायचं त्याला कारण नव्हतं. ही त्याची झोपेची वेळ होती. बाकी अनेक कटकटी असल्या, तरी इथं झोपेत कुणी व्यत्यय आणू शकत नव्हतं. या नोकरीचा तो केवढा प्रचंड फायदा होता. जमिनीवर असताना त्याला असं कुणी आरामात झोपू देत नसे. सतत संपर्क साधनांचा व्यत्यय. कुणीतरी नडीला असलेलं किंवा घाईला आलेलं सतत त्रास द्यायला यायचं. त्याला तसा सर्व गोष्टींचा कंटाळाच आला होता. बरं इतके असंख्य शोध लागूनही मानवजात शहाणी झाली होती असं म्हणणं अवघडच होतं; फक्त या सर्व तांत्रिक सेवा उपलब्ध झाल्यामुळे मानव जात लहान पोरासारखी उतावळी आणि हट्टी बनली होती. 'ताबडतोब' 'आत्ताच्या आत्ता' हे चलनी शब्द बनले होते. कुणाला थोडासुद्धा दम धरवत नव्हता. या असल्या घाई-गडबडीच्या जगात त्याच्या सारख्यांची फार पंचाईत होत होती. अर्थात आपल्या मनाप्रमाणे सर्व जग बदलणं त्याला शक्य नव्हतं तेव्हा जगाप्रमाणे वागणं त्याला भाग पडत होतं.

त्याच्या लहानपणची गोष्ट. तेव्हा त्यांचं घर अवकाशतळाजवळ होतं. रोज तो अवकाशात झेपावणारी यानं बघत असे. अवकाशस्थानकाकडं जाणारी ती यानं त्याला आपलीशी वाटत. कारण याच यानातून एक ना एक दिवस तो अवकाशस्थानकावर जाऊ शकत होता; आणि तिथून मग दूर कुणीकडे? ते अजून ठरायचं होतं.

तेव्हा तो सायकल चालवत असे. सायकल चालवता चालवता रस्त्याने येणाऱ्या मुलींकडे बघण्याच्या नादात तो आपटला आणि त्याला आपला मनोदय थोडा सुधारून घ्यावा लागला होता. आता तो अवकाशात जाताना त्याच्याबरोबर एक तरुणी असे. काहीवेळा यापेक्षा जास्तही तरुणी असत. मग ते एका निर्जन ग्रहावर जात आणि तिथे मानवी वसाहत सुरू करीत असत.

त्याला अवकाशदलात प्रवेश मिळाला नव्हता. अवकाशदलात प्रवेश घ्यायला तरुणांची अतिशय झुंबड असायची. खूप कठीण कठीण परीक्षा असायच्या. शारीरिक सामर्थ्य हा तसा त्याचा वीक पॉइंट होता. म्हणजे रोज सायकल चालवणे आणि शाळेत जेवढा शारीरिक शिक्षणाच्या तासाला व्यायाम होईल तेवढा व्यायाम करणे, यापलीकडं त्यानं खास व्यायाम कधी केला नव्हता. बरं, अवकाशदलात जायचं त्याचं खरं कारण तसं वेगळं होतं. अवकाशदलात भरती होणाऱ्या सर्व तरुणांना ते पृथ्वीवर नेऊन आणायचे आणि त्याला आयुष्यात एकदा ना एकदा पृथ्वीवर जाऊन यायची इच्छा होती. ही त्याची मनापासून इच्छा होती. ती स्वप्नं ते निर्जन ग्रह ही त्याची शेखमहंमदी होती. पण या सर्वांची सुरुवात आपण आधी पृथ्वीवर गेलोय ही होती. पृथ्वीबद्दल त्याला प्रचंड आकर्षण होतं. खरं तर त्या मानवजातीच्या मातृग्रहाबद्दल कुणी फार चांगलं बोललेलं त्यानं कधीच एकलेलं नव्हतं. किंबहुना बरं बोललेलं ही त्यानं कधी एकलेलं नव्हतं. असं असूनही आपण एकदा पृथ्वीवर जायचंच असं त्यानं मनोमन ठरवलं होतं.

बरेचदा रात्री तो घराबाहेर असे तेव्हा, ज्या भागात पृथ्वी होती असं त्याला अंदाजानं वाटायचं तिकडे तो बरेचदा टक लावून बसत असे. त्यातून त्याला काय मिळतंय, ते तो स्वतःसुद्धा सांगू शकला असता, असं नाही. तो आकाशगंगेच्या ज्या भागात राहत होता, तिथून सूर्य हा एक छोटा ठिपका दिसायचा. खास दूरदर्शितून बघितलं तर जरा मोठा निळसर पिवळा प्रकाशाचा गोल; एवढंच. त्यानं शाळेत शिकताना तो बघितला होता. त्याची आठवण त्यानं जपून ठेवली होती. अवकाशदलात प्रवेश करायची त्याची मनीषा पूर्ण झाली नाही तेव्हा मग त्यानं पृथ्वीचा नाद जवळजवळ सोडून दिला होता. कधीतरी आकाशाकडे लक्ष गेलं, की पूर्वी त्याला आकाशगंगेच्या त्या भागाकडे बघून थोडंसं वाईट वाटायचं, पुढं तेही वाटेनासं झालं होतं. तो आपल्या व्यवसायात रमून गेला होता. त्यानं आपलं शिक्षण पूर्ण केलं आणि तो वैद्यक व्यवसायात शिरला होता.

वैद्यक व्यवसायात शिरल्यानंतर त्यानं आपला बऱ्यापैकी जम बसवला होता. त्यांच्या ग्रहावर आधुनिक वैद्यकीय साधनं अजून म्हणावी तशी वापरण्यात येत नव्हती. वैद्यकशास्त्राचा इतिहास बघितला, तर त्यांच्या ग्रहावरचं वैद्यक शास्त्र पृथ्वीवरच्या ग्रेगेरियन कालमापनातल्या विसाव्या शतकाच्या मध्याशी होतं. फारच महत्त्वाची व्यक्ती असेल किंवा तिच्याजवळ पुरेसा पैसा असेल तर ती काही प्रगत ग्रहांवर जाऊन अवयवारोपण करून घेत असे किंवा तिकडचे तज्ज्ञ डॉक्टर आणि वैद्यकीय अवकाशयान यांच्या ग्रहाच्या दिशेनं यायचं. आपण अशा तऱ्हेच्या वैद्यकीय सुखसोयी आपल्या ग्रहावर आणाव्यात असं त्याला मनापासून वाटायचं; पण ते शक्य नव्हतं, याचीही त्याला जाणीव होतीच.

पृथ्वीवर अवयवारोपण, आरोग्य आणि शिक्षण, इच्छामरण (याचाच अर्थ हवं तितकं निरोगी जीवन) हा प्रत्येकाचा हक्कच होता. पृथ्वीपासून जसजसं दूर जावं त्या प्रमाणात मानवी हक्क कमीकमी होत होते आणि तो ज्या ग्रहावर जन्माला आला त्याचं नाव जरी आशादायक असलं तरी तो एक दुर्दैवी ग्रह होता. इथं एक गुप्त हुकूमशाहीच नांदत होती. जरी वरवर प्रागतिकतेचा देखावा केला जात असला, तरी प्रत्यक्षात काही मूठभर लोकांच्या हाती सत्ता होती. मानवी संस्कृतीच्या सीमारेषेवर असलेल्या या ग्रहावर असं काही घडलं, तरी मानवी साम्राज्याचे नेते तिकडे चक्क कानाडोळा करीत असत. अशा या ग्रहावर तो स्त्रीरोग आणि प्रसूतितज्ज्ञ म्हणून काम करीत होता. त्या पंचक्रोशीतील बहुतेक मुलांचा जन्म त्याच्या हातून झाला आहे. समाजात त्याला मानमान्यता होती. कित्येक बाया बापड्या त्याला देवमाणूस म्हणत होत्या. आणि त्याचं पृथ्वीवर जायचं सोडाच पण साधा अवकाशप्रवास करायचं स्वप्नही हळूहळू विरत चाललं होतं; आयुष्याच्या अशा एका टप्प्यावर तो होता, की झालं ते खूप झालं म्हणायचं आणि हळूहळू निवृत्तीचे विचार मनात येताहेत, ते ज्या दिवशी खूप प्रबल होतील त्या दिवशी आपला व्यवसाय मुलीच्या हाती सोपवायचा आणि निवृत्त व्हायचं. त्याचा मुलगा डॉक्टर झाला नव्हता. तो व्यापारी बनला होता. आसपासच्या ग्रहांवर तो हिंडत असे. जी गोष्ट विकणे शक्य आहे ती विकायची; हा त्याचा बाणा होता. पैसा मिळवणे हे एकच ध्येय त्याच्या नजरेसमोर असे. "मी पैसा कसा मिळवतो ते तुम्ही मला विचारू नका. तुम्हाला क्लेश होतील.'' असं त्यानं एकदा वडिलांना सांगितलं होतं. बहिणीला कधीतरी विश्वाच्या या भागात न मिळणारी वैद्यकीय साधनं द्यायचा. 'ती कुठून आणि कशी आली विचारू नको,' असं सांगायचा. जीव वाचवण्यासाठी उपयोगी पडतात असं डॉक्टर स्वत:चं समाधान करून घ्यायचे.

अशा परिस्थितीत, जीवनाच्या या वळणावर डॉक्टर असताना एक दिवस त्यांना अचानक अवकाशप्रवास घडला. त्या दिवशी डॉक्टर जवळच्याच एका खेड्यात एका प्रसूतीसाठी गेले होते. ते आपलं काम उरकून बाहेर पडले. एक नवा जीव जन्मास आला. त्याच्या जन्मास आपण मदत केली. 'बाळ बाळंतीण सुखरूप आहेत.' या वाक्यानं डॉक्टरांना नेहमीच आपल्या कामाबद्दल समाधान वाटत आलेलं होतं. याउलट क्वचित प्रसंगी बाळ, बाळंतीण किंवा दोघंही दगावत तेव्हा ते खूप निराश व्हायचे. ते डॉक्टर होते. या विश्वात इतरत्र झालेल्या प्रगतीची त्यांना कल्पना होती. त्यांच्या ग्रहावरच्याच अनेकांनी अनेक प्रगत ग्रहांवर जाऊन आधुनिक वैद्यक तंत्रज्ञानात प्राविण्य मिळवलेलं होतं. ते कधीतरी आपल्या मातृग्रहावर येत तेव्हा यांना भेटत. नव्या तंत्रज्ञानाची महती गात. तसं तंत्रज्ञान हाताशी आलं तर आपण अनेक जीव वाचवू शकू असं डॉक्टरांना वाटत असे. आज अर्थात 'बाळ,

बाळंतीण सुखरूप' हे वाक्य उच्चारून ते बाहेर पडल्यांं समाधानी होते. ते अर्ध्या रस्त्यावर आले तेवढ्यात त्यांच्यासमोर दोन व्यक्ती उभ्या ठाकल्या. त्या परग्रहावरच्या होत्या हे त्यांच्या अंगावरील कपड्यांवरून स्पष्ट होत होतं.

"आपण डॉक्टर?" त्यातल्या एकानं विचारलं.

डॉक्टरांनी होकारार्थी मान डोलावली.

"आमच्याबरोबर जरा याल का?" त्यानंच म्हटलं.

"कुठं?"

"रुग्ण तपासायला."

डॉक्टर 'नाही' म्हणणं शक्यचं नव्हतं. ते म्हणाले – "चला!"

हे दोघं एकमेकांशी काहीतरी बोलले. डॉक्टरना कळलं नाही. त्यातल्या एकानं हातातलं एक यंत्र काढलं आणि त्यातून 'आम्ही येत आहो, तयार रहा!' असा संदेश दिला. मग एकजण पुढे, मधे डॉक्टर आणि त्यांची सायकल आणि मागे एकजण अशी ती वरात निघाली आणि झाडीत शिरली. डॉक्टर या भागात वावरणारे. इथे एखादी वस्ती आहे, याची त्यांना कल्पना नव्हती. हे आश्चर्य होतं. काहीतरी विचारावं म्हणून डॉक्टर थबकले. पुढचा माणूस पुढे चालत राहिला. मागचा माणूस तेवढंच अंतर ठेवून थांबला. त्यानं खुणेनंच मागं वळून बघणाऱ्या डॉक्टरांना 'पुढं चला' असं सांगितलं.

साधारण एक किलोमीटर ते चालले असावेत. समोर दिवे लावलेलं एक काहीतरी होतं. त्यातून एक दार खाली पडलं. डॉक्टरांसह ते दोघेही त्या पायउतारावरून आत जाताच ते दार बंद झालं. "बसा, डॉक्टर." त्यांच्या हातातील सायकल काढून घेत एकजण म्हणाला.

"डॉक्टर सापडले तर!" आणखी कुणीतरी म्हणालं. डॉक्टरांच्या पोटात खड्डा पडल्यासारखं झालं. मग ते स्थिरावले. त्यांनी उठायचा प्रयत्न केला ते त्यांना जमलं नाही. मग त्यांच्या लक्षात आलं, ते बसलेल्या कोचानंच त्यांना धरून ठेवलं होतं. त्यांना थोडं आश्चर्य वाटलं; पण त्यांच्या डोक्यात रुग्णाचेच विचार होते. दरम्यान मधेच कधीतरी आपण इथे एकटेच आहोत हेही त्यांच्या लक्षात आलं. थोड्या वेळानं त्यांना एक किरकोळ हादरा जाणवला. समोरची भिंत बाजूस झाली आणि त्यांच्यासमोर चार व्यक्ती उभ्या राहिल्या. यातल्या दोघांना ते ओळखत होतेच उरलेल्या दोन व्यक्तींपैकी एक व्यक्ती स्त्री असावी अशी शंका घ्यायला वाव होता पण ते डॉक्टर असूनही त्या व्यक्तीच्या स्त्रीत्वाची ते खात्री देऊ शकत नव्हते.

"डॉक्टरसाहेब, आता उठायला हरकत नाही." त्यांच्यापुढे चालत होती ती व्यक्ती म्हणाली.

डॉक्टर उठले. यावेळी त्यांना कुणी अडवले नव्हते. डॉक्टरांच्या चेहऱ्यावरचे

भाव त्या व्यक्तीने ओळखले.

''ओह, त्याने तुम्हाला धरून ठेवलं होतं ना! बरोबर आहे. तेव्हा यान हवेत होतं. हे यंत्रमानव म्हणजे...!''

डॉक्टर गडबडले, यंत्रमानवाबद्दल त्यांनी ऐकलं होतंच; पण ऐकलंच होतं आणि 'हवेत होतं' या शब्दांनी हे काहीतरी वेगळं घडतंय हे त्यांच्या लक्षात येत होतं.

ते परत खाली बसले त्यांनी बोलायचा प्रयत्न केला. यावेळी त्यांच्या तोंडून शब्द फुटायला जरा कष्ट पडले. अडखळत त्यांनी विचारले,

''हे - हे नक्की काय चाललंय? मी कुठं आहे? तुम्ही कोण?'' यावर ते चौघंही डॉक्टरांकडे बघून हसले. तेवढ्यात आणखी एक व्यक्ती तिथं आली. ती वरिष्ठ असावी. त्याबरोबर हे चौघे चपापले नि स्तब्ध झाले. त्या व्यक्तीनं या पाचही जणांच्या चेहऱ्यावरून नजर टाकली; नि विचारलं,

''डॉक्टर कुठे आहेत? नि हा कोण?''

आपला असा एकेरीत कुणी उल्लेख करावा, हे डॉक्टरना आवडले नाही; पण तरी त्या व्यक्तीच्या बोलण्याच्या सुरावरून त्यांना डॉक्टरची तातडीची गरज होती हे डॉक्टरच्या लक्षात आले. त्यांनी आपल्या अपमानाकडं दुर्लक्ष करीत म्हटले.

''मीच डॉक्टर आहे, काय काम आहे?''

''पण तू तो डॉक्टर नाहीस नेहमीचा.''

या डॉक्टरांच्या वाक्याचा अभूतपूर्व परिणाम घडला.

''ओह! माय गॉड, हे माझ्या हातून काय घडलंय?''

त्यांना आणणाऱ्या दोघांतील एक व्यक्ती म्हणाली.

''आपण संपलो! बापरे, केवढी ही घोडचूक! दुसरी व्यक्ती म्हणाली.''

ती स्त्रीसम व्यक्ती डॉक्टर बसले होते, त्या बैठकीत कोसळली. काहीतरी घोटाळा झालाय हे डॉक्टरांच्याही लक्षात आलं; पण एका डॉक्टरऐवजी दुसरा डॉक्टर आल्यानं नक्की काय घोटाळा झालाय ते मात्र त्यांच्या लक्षात आलं नव्हतं. ते सहजगत्या बोलून गेले –

''नक्की काय झालंय?''

''नक्की काय झालंय? ब्रह्म घोटाळा झालाय इथं, ब्रह्म घोटाळा. आणि तुम्ही विचारताय नक्की काय झालंय?''

''तुम्ही इथं कसे आलात?''

त्या अधिकारी व्यक्तीनं विचारलं.

''यांनी मला सांगितलं त्यांना डॉक्टर हवाय, कुणावर तरी उपचार करायचेत. मी म्हटलं, 'येतो.' ते मला इथं घेऊन आले. खरं तर घरी जाऊन झोपणार होतो.''

"बरं, तुम्ही डॉक्टर आहात हे नक्की?"

या प्रश्नावर डॉक्टर खवळले.

"कोण म्हणतो मी डॉक्टर नाही?"

मग डॉक्टरांकडे दुर्लक्ष करून त्या मंडळींची आपसात चर्चा झाली. त्यावरून डॉक्टरांना काही गोष्टी लक्षात आल्या. एक तर यांना पाहिजे ते डॉक्टर हे नव्हते. दुसरं म्हणजे आता त्यांच्याकडे त्यांना पाहिजे ते डॉक्टर आणायला वेळ नव्हता कारण संकेतस्थळापासून ते डॉक्टर आता दूर झाले असणार. त्यांना पुन्हा संदेश देऊन बोलवायला अवधी लागणार होता. दिवसा उजेडी हे त्या डॉक्टरांकडे जायला तयार नव्हते. अत्यंत योगायोगाने चुकीचे डॉक्टर संकेतस्थळी हजर होते आणि नेहमीच्या माणसांच्याऐवजी नवखी माणसे डॉक्टरांना आणायला गेल्यामुळे हे डॉक्टर इथं पोहोचले होते. प्रश्न होता तो 'इथं' म्हणजे कुठं?

याशिवाय इतक्या गुप्ततेनं या ठिकाणी डॉक्टर आणायची गरजच काय? आणि चुकीचा डॉक्टर आणला तर एवढं काय बिघडणार होतं?

डॉक्टरांनी त्या मंडळींना हा प्रश्न विचारलाच. त्यामुळं ते त्या जंजाळात अधिकतम अडकले असं म्हणावं लागेल.

"डॉक्टर, आधी तुम्ही रुग्णावर उपचार करा, मग आम्ही तुम्हाला ते सांगतो."

"मला रुग्णाचा पूर्वेतिहास सांगू शकाल काय?" असं डॉक्टरनी विचारताच त्या सर्व मंडळींनी एकमेकांकडं बघितलं. मग त्यांची पुन्हा आपापसात काही चर्चा झाली. ती हळू आवाजात होती त्यामुळे डॉक्टरांना त्यातील काही शब्द ऐकू आले तरी त्यातून काहीच अर्थबोध झाला नव्हता. मग ती अधिकारी व्यक्ती काहीतरी बोलली त्याबरोबर त्यातल्या तीन व्यक्ती तिथून निघून गेल्या. ती स्त्री व्यक्ती आणि अधिकारी व्यक्तीच तिथे उरल्या. मग ती अधिकारी व्यक्ती बोलू लागली,

"डॉक्टर, आम्ही मानवासारखे दिसलो तरी मानव नाही. ही समांतर उत्क्रांती आहे असं आपण म्हणू शकतो. मूलत: आपल्यात ८०% हून अधिक शारीरिक साधर्म्य आहे. आमची संरचना, आमचं विश्वही कार्बन, हायड्रोजन, ऑक्सिजन, नायट्रोजन या चार खांबांवरच उभे आहे. आम्हीही तुमच्याप्रमाणेच ऑक्सिजनवर जगतो. आपल्या आकाशगंगेपुरतं बोलायचं, तर सर्वत्र असंच आढळेल.

आम्ही एकटे आहोत असं आम्हाला वाटत असतानाच आमचा पृथ्वीवासी मानवांशी संपर्क साधला गेला. तो आमचा अनुभव फारसा चांगला नव्हता. आमच्या दृष्टीने तुमची जमात फारच आक्रमक, अति महत्त्वाकांक्षी आणि त्या महत्त्वाकांक्षेच्या पूर्तीसाठी अनीतिमान अशी होती. यामुळे आम्ही तुमच्यापासून दूर झालो. तुमच्या जमातीस काही धडे शिकवून दूर झालो, त्यामुळेच तर तुम्ही आमच्याशी नीट वागलात.

तुम्हाला धडे शिकवू शकू असे काही बाबतीत जरी आम्ही खूप सुधारलेले असलो; तरी इतर काही बाबतीत आम्ही तुमच्या खूपच मागे होतो, याचं आम्हाला आश्चर्य वाटतं; पण तो आपल्या मनोवृत्तीतला फरक होता, असंच म्हणावं लागेल. आपल्या जमातीपुढं एका व्यक्तीची पर्वा आम्ही कधीच केली नव्हती. यामुळे वैयक्तिक आरोग्याकडे आम्ही यथातथाच लक्ष दिलं होतं. मानवी साम्राज्याचा विस्तार रोखणं हे आम्हाला आमच्या अस्तित्वरक्षणासाठी आवश्यकच होतं. तेव्हा मानवी वैद्यकांचं महत्त्व आमच्या लक्षात आलं. यामुळे लपून छपून आमच्यातील काही मुलं आम्ही मानवी ग्रहांवर ठेवली. ती पुढे वैद्यकात निष्णातही बनू लागली. पण त्यातली काही मुलं पुढं मानवी संस्कृतीतच खूप रममाण झाली. आमच्याकडं परतायला त्यांनी नकार दिला. यामुळे मग आम्ही एक वेगळा उपाय केला. त्यांना मानवी साम्राज्यातच राहू द्यायचं आणि गरज पडेल तेव्हा आपणच रुग्ण घेऊन त्यांच्याकडे जायचं. तुमचा ग्रह मानवी साम्राज्याच्या दृष्टीनं तसा महत्त्वाचा नाही. यामुळं अशा ग्रहांवर आम्ही या डॉक्टरांना राहू दिलं. इथल्या समाजात त्यांना मान आहे. ते मानवी साम्राज्यातील वैद्यकीय प्रगती आत्मसात करू शकतात. आणि आमची यानं... हो, तुम्ही आता अशाच एका यानावर आहात – इथं रुग्णाला घेऊन निर्धोकपणे येऊ शकतात. एका वेळेस आम्ही ५०-१०० रुग्ण इथे घेऊन येतो. आमच्या डॉक्टरना इथे बोलावून घेतो. त्यांच्यावर ते मानवी आधुनिक यंत्रांनी उपचार करतात आणि मग आमची यानं परत जातात. आमचे डॉक्टर इथं राहून तुमची आधुनिक तंत्रं शिकून घेतात.''

''हे कसं शक्य आहे; अहो, मीच पृथ्वीवर जायला गेली कित्येक वर्षं धडपडतोय. पण मला ते शक्य होत नाही; आणि तुमचे डॉक्टर कसे जातील?''

''पैसा, डॉक्टर, पैसा. पैशाने काहीही घडवून आणता येते. तुमच्या संस्कृतीत एक फार प्राचीन भाषा होती. पुढे संगणक आणि महासंगणक काळात तिला खूप महत्त्व प्राप्त झालं होतं. तिचं नाव संस्कृत. त्या भाषेत एक म्हण होती, 'मृदंगो मुखलेपन, करोती मधुर ध्वनिम्।' याचा अर्थ तुम्हाला कळला असेल. आमच्या डॉक्टरांना पृथ्वीवर जायला आम्ही आर्थिक मदत करतोच; पण त्याच्या जाण्यात तर तुमच्या अधिकाऱ्यांनी काही आर्थिक अडचणी आणल्या तर त्या आम्ही आमच्या पैशांद्वारे दूर करतो.''

''काय कमाल आहे. अहो, मी जन्मभर एकदा तरी पृथ्वीवर जायला मिळावं म्हणून धडपडलो. पृथ्वी नाही तर नाही, एकदा तरी एखाद्या परग्रहावर जाता यावं ही इच्छा बाळगली आणि...!''

त्याचं वाक्य मधेच तोडत ती व्यक्ती म्हणाली... ''आणि ती तुमची इच्छा आता आम्ही पूर्ण करीत आहोत डॉक्टर. अहो, एवढी सगळी माहिती दिल्यावर

तुम्हाला आता या यानावरून बाहेर जाऊ देणं अवघड आहे. बरं कुणाही मानवी व्यक्तीचा जीव घेणं आम्हाला मान्य नाही. त्यात डॉक्टरचा तर नाहीच नाही. आम्ही तुम्हाला आता आमच्या ग्रहावर नेणार; आणि तिथे तुमची खास बडदास्त ठेवणार त्यामुळं आमचा बराच प्रवास कमी होईल.

तुम्ही म्हणालात तर तुमच्या कुटुंबीयांनाही आम्ही आणू. नाहीतर तिथे तुम्ही कुटुंब करू शकता. दोन मानवी प्रजातींमध्ये संकर करायची कल्पना कशी काय वाटते?''

डॉक्टर हतबुद्ध झाले. त्यांनी नुसतीच मान हलवली. ते त्या खुर्चीत बसून होते. मग त्यांच्यातला डॉक्टर जागा झाला. त्यांनाही एक म्हण आठवली. फार पूर्वी पृथ्वीवर इंग्रजी भाषा बोलली जायची, त्या भाषेतली ती मूळ म्हण होती. तिचा अर्थ, 'जर तुमच्यावर बलात्कार होत असेल तर आडवे होऊन आनंद लुटायचा प्रयत्न का करीत नाही?' अनेक शासकीय अधिकारी अजून ती म्हण वापरताना आढळत होते. इथून सुटकेची तर आशाच नव्हती. त्यामुळे मग डॉक्टर उठले नि त्या व्यक्तीला म्हणाले,

''चला तर, मला प्रथम रुग्ण बघू देत! बाकीचा विचार नंतर!''

त्यांच्यातला डॉक्टर आता जागा झाला होता. त्याच रुबाबानं ते चालू लागले.

धक्का

नेहमी नावाप्रमाणं आनंदी दिसणारा आनंद गेले काही दिवस बऱ्यापैकी गंभीर दिसत होता. खरं म्हणजे त्यानं गंभीर वागावं असं त्याच्या मित्रांच्या दृष्टीनं कोणतंही कारण दिसत नव्हतं. ते खरं होतं. त्याच्याकडं वडिलोपार्जित संपत्ती होती. तिचा त्यानं योग्य तो फायदा करून घेऊन उत्कृष्ट शिक्षण मिळवलं होतं. स्वत:च्या कर्तबगारीच्या जोरावर बापजाद्यांनी मिळविलेल्या संपत्तीमध्ये चांगलीच भर घातलेली होती. त्याच्याच तोलामोलाच्या घराण्यातील एका सुस्वरूप आणि सुस्वभावी मुलीशी त्याचा विवाह झाला होता. तोसुद्धा त्यांच्या परस्परांच्या ओळखीतूनच झाला होता. आनंदनं स्वत:हून सुप्रियाला मागणी घातली होती. तिनं विचार करायला वेळ मागून घेतला होता. मगच तिनं तिचा होकार कळवला होता. त्याचं लग्न त्यांच्या सामाजिक स्थानाला बाधा पोहोचणार नाही, अशा पद्धतीनं झालं होतं. त्यानंतरही त्यांच्या संसारात कधी खटके उडाले नव्हते. आनंद आणि सुप्रिया 'आदर्श जोडपं,' 'केवळ परस्परांसाठी' अशा स्पर्धांत भाग घेत नसले, तरी अशा स्पर्धांमध्ये त्यांचा उल्लेख होत होता. त्यांच्या प्रतिमा त्रिमितदर्शकाद्वारे घराघरांतून पोहोचत होत्या. सध्याच्या प्रथेप्रमाणं त्यांनी लग्नानंतर किमान पाच वर्षं मूल होऊ देणार नाही, असं ठरवल्याची बातमीही कुठल्यातरी मुलाखतीद्वारे प्रसृत झालेली होती. तिचा अफवा म्हणून इन्कार करण्यात आलेला नव्हता. या जोडप्याच्या संसाराला सुरुवात झाल्यानंतर दोन औद्योगिक घराणी एकत्र आल्यामुळं दोघांच्याही उद्योगधंद्याची आणखी बरकत झाली होती. त्यांचे व्यवसाय बहुराष्ट्रीय बनले होते. अशा परिस्थितीत आनंदचा गंभीर चेहरा त्याच्या मित्रांना बुचकळ्यात पाडत होता.

आनंदबरोबर आजकाल बरेचदा सुप्रिया नसायची; पण जेव्हा तुम्ही एखाद्या मध्यम स्वरूपाच्या, औद्योगिक साम्राज्याचे भावी प्रमुख असता तेव्हा तुमच्या काही सामाजिक जबाबदाऱ्या तुमच्या पत्नीलाही उचलाव्या लागतात. बऱ्याच सामाजिक

कार्यांमध्ये कुणी हजर रहावं; या कामाची विभागणी करण्यात येते, तसंच हे. आनंदच्या वर्तुळात हे नवीन नव्हतं. त्यामुळे आणि त्या वर्तुळात सहसा खासगी गोष्टींची उघड चर्चा होत नसल्यामुळं पेयपानाच्या वेळीसुद्धा कधी हा विषय निघालेला नव्हता. सर्वसाधारणपणे प्रत्येक व्यक्तीच्या आयुष्यभरात त्या व्यक्तीला एक जवळचा मित्र किंवा मैत्रीण असते. त्यांची मैत्री नि:स्वार्थ असते. त्या दोघांच्यात सहसा कोणतंही गुपीत असत नाही. मानवाची ही एक मानसिक गरज आहे. अशा तऱ्हेचा विश्वास टाकता येईल, असा मित्र किंवा मैत्रीण यांना त्या त्या व्यक्तीच्या आयुष्यात महत्त्वाचं स्थान असतं. काही कर्तबगार व्यक्ती जसजशा मोठ्या होत जातात, तसतसं त्यांच्याभोवती खुशमस्कऱ्यांचं कोंडाळं वाढतं. जर त्या व्यक्ती आपल्या विश्वासाह मैत्रीला तिलांजली देऊन खुशमस्कऱ्यांत रमू लागल्या तर ती त्यांच्या पतनाची सुरुवात ठरते, असं इतिहास सांगतो.

आनंदला असाच एक मित्र होता. तो मागेल ती वस्तू आनंदनं त्याला आनंदानं दिली असती; पण आजमितीस त्यानं आनंदकडे स्वत:साठी कधीही काहीही मागितली नव्हतं. 'तू एवढा मोठा होऊनसुद्धा माझी आठवण ठेवतोस हेच खूप आहे.' असं विश्वास म्हणे. बरेचदा आनंद एखाद्या पर्यटनस्थळी, हॉटेलमध्ये किंवा पर्यटकांसाठी बांधलेल्या खास झोपड्यांमध्ये दोन शेजार शेजारची वसतिस्थानं स्वत:साठी आणि विश्वाससाठी आरक्षित करीत असे. मग विश्वासला प्रवासाची तिकिटं जात. कधी ते दोघंच भेटत, कधी सहकुटुंब. दोन-चार दिवस मजेत घालवून ते परतत.

यावेळी आनंद आणि विश्वास एकेकटेच भेटत होते. आनंदचा चेहरा पाहताच काहीतरी बिनसलं असावं, हे विश्वासच्या लक्षात आलं. थोडावेळ इकडच्या तिकडच्या गप्पा झाल्यावर विश्वासनंच मग मुद्याला हात घातला.

"तुझा नेहमीचा मूड यावेळी दिसत नाही. मला सांगण्यासारखी काही गोष्ट असेल तर सांग, नाही तर राहू दे!'' विश्वास म्हणाला. खरं तर आनंदच्या डोक्याला एखादा प्रश्न सतावत असावा, ते सांगून त्याबद्दलचे विचार व्यक्त करावेत, जमलं तर विश्वासचं मत विचारावं यासाठी आनंदनं आपल्याला इथं बोलावलं याबद्दल विश्वासच्या मनात अजिबात शंका नव्हती; पण बरेचदा एखाद्या प्रश्नाचं प्रकट उच्चारण हेसुद्धा त्या प्रश्नाची सोडवणूक करायला मदत करणारं ठरतं. पूर्वी लोक देवाला गाऱ्हाणं घालत असत. आधुनिक जगात देवाला फाटा दिल्यावर बऱ्याच धनिकांना अशा मित्रांची गरज भासत होती. आनंदनं नि:श्वास टाकला.

"तुला ते कसं सांगावं याचा बराच काळ विचार करतोय, सुरुवात कुठं करावी, ते कळत नाही,'' आनंद म्हणाला.

''कुठूनही कर. तुला आपोआप काय बोलावं ते सुचेल. तुला आता बोलायचं नसेल तर रात्री जेवताना बोलू!'' विश्वास म्हणाला.

''मी हे कुणाला सांगणार नाही, असं सुप्रियाला वचन दिलंय रे, त्यामुळं दडपण अधिक वाढतंय.''

''तुमच्या खासगी बाबींची मी चर्चा करेन असं तुला वाटतं तरी कसं? तू माझ्याजवळ आतापर्यंत बऱ्याच गोष्टी बोललास एकदातरी कधी त्या गोष्टीची वाच्यता झाल्याचं तुझ्या कानावर आलंय? त्याउप्पर तुला जर अपराधी वाटणार असेल तर राहू देत.''

''सुप्रियाला एक दुर्धर आणि असाध्य असा कर्करोग झालेला आहे. पृथ्वीवरल्या सर्वांत श्रेष्ठ कर्करोगतज्ज्ञांनं तिला तपासलं. या प्रकारच्या कर्करोगावर आज तरी उपाय नाही. शस्त्रक्रिया करून उपयोग होईल, याची खात्री नाही. रासायनिक उपचारांचा त्रास अधिक आणि फायद्याची शक्यता कमी आहे. सुप्रिया विद्रुप मात्र होईल.''

''हे तुला केव्हा कळलं?''

''महिन्यापूर्वी तिनंच सांगितलं. ती आई-वडिलांना भेटायला गेली. तिथं तिला वेदना जाणवल्या. साध्या नेहमीच्या गोळ्यांनी त्या थांबेनात. त्यांनी लगेच तिची पूर्ण तपासणी केली. त्यात हे उघडकीस आलं. ती आधी सांगणार नव्हती; पण एक दिवस तिला राहवलं नाही. कर्करोग प्राथमिक अवस्थेत आहे; पण तरीही त्यावर उपाय नाही, असं तिचं म्हणणं आहे. तिच्याजवळचे वैद्यकीय अहवाल तेच सांगतात. नव्या चाचण्यांना तिची तयारी नाही.''

''मग?'' विश्वासनं विचारलं.

''मग काय? कपाळाला हात लावून बसलोय, काही सुचत नाही. कुणाजवळ हे बोलायचं तरी चोरी. कुणालाही हे कळता कामा नये असा तिचा आग्रह आहे. तिनं तसं माझ्याकडून वचन घेतलंय. तुला काही सुचतं का बघ?''

''ठीक आहे, मला मुदत दे.''

ते दोघं सुटी संपवून परतले.

विश्वासचा फोन सहसा कधी कचेरीत येत नसे. मात्र तसा तो आलाच तर तात्काळ आनंदला जोडून दिला जायचा. आजही तसंच झालं. त्यांनी सुटी एकत्र घालविल्याला बरेच दिवस लोटले होते. दरम्यान ते एक-दोनदा भेटले होते; पण सुप्रियाबाबत दोघांनाही नवीन काही सुचलेलं नव्हतं. आज कचेरीत जेव्हा विश्वासचा दूरध्वनी आला तेव्हाही आनंदला त्यात विशेष काही वाटलं नव्हतं. सहसा तो असा संपर्क साधत नसे हे खरं; पण काही वेळा विद्यार्थिदशेतला एखादा मित्र येई,

त्यावेळी विश्वास असा संपर्क साधायचा. सामान्यजनांना थेट आनंदपर्यंत पोहोचणं शक्य होत नसे. शाळेतला, महाविद्यालयातला एखादा मित्र काही कामानिमित्त परगावहून यायचा. जुन्या मित्रांना भेटायचं ठरवायचा. त्याला आनंदपर्यंत बरेचदा पोहोचता येत नसे. दूरध्वनीवर त्यानं कितीही कंठशोष केला तरी त्याचे अनेक साहाय्यक त्या संपर्काच्या आड येत. काही वेळा आनंद एखाद्या महत्त्वाच्या बैठकीत असे; पण आनंदच्या साहाय्यकांनासुद्धा मालकाचं आणि विश्वासचं दृढ मैत्रीचं नातं परिचयाचं होतं. ते विश्वासला अडवत नसत. आनंदच्या व्यवसायविश्वाच्या पलीकडचं विश्व आणि आनंद यामधला विश्वास हा एकमेव दुवा होता. आजही तसंच काहीसं असावं, असा आनंदचा तर्क होता.

"संध्याकाळी वेळ आहे का?"

"तुझ्यासाठी नेहमीच वेळ असतो. आज तर अगदीच मोकळा आहे. योगायोग म्हणतात तो हा. अचानक संध्याकाळच्या पाहुण्यांनी येत नाही म्हणून कळवलंय. काय करावं याचा विचार करीत होतो."

"किती कोटी बुडाले?" हा त्यांचा नेहमीचा विनोद होता. व्यापार-उद्योगाच्या जगात या रात्रीच्या जेवणांना, सायंकाळच्या भेटण्याला फार महत्त्व असतं. इथंच फार मोठे आर्थिक आणि व्यवसायाच्या दृष्टीनं दूरगामी निर्णय घेतले जात असतात. "बुडाले कुठले? थोडेफार वाचलेच असतील!" हेही नेहमीचंच उत्तर होतं. दोघं सायंकाळी भेटले. सुरुवातीचं 'हाय, हॅलो, वहिनी कशी आहे,' वगैरे झालं. मग आनंदनंच विषयाला तोंड फोडलं.

"आज काय विशेष काढलंस?" त्यानं विचारलं.

"तू सुप्रियाबद्दल सांगितलंस. मी काय करणार? आमच्या विद्यापीठातल्या संशोधनात कर्करोगविषयक संशोधनाचा संबंध नाही असं नाही; पण आता इतक्या शाखा झाल्याहेत, की सगळ्याचा माग ठेवणं अवघड आहे. मी एकदम चौकशी करायला गेलो तर कुणी सांगणार नाही. आमच्या विभागात आम्ही हेच करतो बघ! जो तो पेटंट घ्यायच्या मागं. त्यामुळं पूर्वीसारखं संशोधनाबद्दल कुणी बोलत नाही. मध्यंतरी जीववैद्यक अभियांत्रिकी या विषयावर एक-दोन दिवसांचं चर्चासत्र भरलं होतं. मी तिथं गेलो होतो. तुला वेळ आहे ना, हे घाईघाईनं सांगून जमण्यासारखं नाही, म्हणून विचारतो."

"हे बघ, हे सुप्रियासंबंधी आहे, तेव्हा आतापासून पहाटेपर्यंत तू बोललास तरी चालेल. मला वेळच वेळ आहे. हवं तर उद्याच्या सर्व भेटीगाठी रद्द करतो. तू म्हणत असशील तर माथेरान, महाबळेश्वर, उटी अशा ठिकाणी जाऊ. चालेल?" आनंदनं विचारलं.

''त्याची काही गरज नाही.''

''फक्त मला एक सांग, सुप्रियावर उपचार होऊन ती बरी होईल, अशी काही आशा आहे का?''

''फिफ्टी फिफ्टी!'' एका जाहिरातीची नक्कल करीत विश्वास म्हणाला.

''ठीक आहे तर, अगदीच 'काही नाही'पेक्षा हे उत्तर जास्त समाधानकारक वाटतं. बोलत राहा!'' असं म्हणता त्यानं मद्याची विचारणा केली. विश्वासची आवड त्याला माहीत नव्हती, असं नाही. ''सोडा, पाणी?'' हे विचारून सगळं व्यवस्थित जमल्यावर विश्वास बोलू लागला,

''कुठं होतो आपण?''

''जीववैद्यकी की कायसं बोलत होतास!''

''हं! तर त्या जीववैद्यक अभियांत्रिकीच्या चर्चासत्राला मी उपस्थित होतो. आपला भांडखोर भावड्या आता मोठा शास्त्रज्ञ झाला आहे. तोही माझ्याप्रमाणेच प्रेक्षकांत होता...''

भांडखोर भावड्या हा शाळेत असल्यापासूनच विक्षिप्त म्हणून प्रसिद्ध होता. एकदा लंगडी घालताना काय होतं, हे पाहण्यासाठी त्यानं जमिनीवर टेकलेला पायही एकदम वर उचलला होता. तो पडला. सगळे हसले. त्यानं जवळच्या पोराला धरून बुकललं. त्याला शिक्षा झाली. नंतर विश्वासनं त्याला 'तू एकदम दोन्ही पाय हवेत का उचललेस,' असे विचारलं. 'तसं केलं की आपण पडतो, हे त्याशिवाय कसं कळणार?' काय खुळ्यासारखे प्रश्न विचारतोय, अशा नजरेनं तो विश्वासकडं नजर करीत बोलला होता; भावड्याची आर्थिक परिस्थिती विश्वासपेक्षाही खूप वाईट होती; पण शाळेत तो सर्व विषयांत कायम पहिला येत असे. त्याचं त्याच्या लहरी आणि विक्षिप्त स्वभावामुळं सर्व शिक्षक, काही अपवाद वगळता बहुतेक सर्व विद्यार्थी आणि शाळेचे शिपाई या सर्वांशी कधी ना कधी भांडण झालेलं होतं. शाळेचे मुख्याध्यापक गुणग्राही होते. ते भांडखोर भावड्यानं भांडण केलं, की त्याला शिक्षा करीत. त्यांच्या खोलीत बसून ग्रंथालयातील पुस्तकं वाचणं, अशा स्वरूपाची ही शिक्षा असे. नाही तर मग शाळेच्या हिशोबाची त्याला फेरतपासणी करावी लागे. तो अखेरपर्यंत सर्व परीक्षांत पहिला आला होताच. महाविद्यालयातही भांडखोरपणा आणि पहिलं येणं या दोन्ही परंपरा तो चालवीत राहिला. एम.एस्सी. झाल्यावर तो गायब झाला. नंतर त्याचं नाव अमेरिकेत गाजत होतं. अचानक तो भारतात परत आला.

विश्वासला त्यानेहूनच हाक मारली. व्यासपीठावरच्या वक्त्याचं भाषण रटाळ आहे, या मुद्द्यावर त्यांचं एकमत झालं. ते चहा प्यायला सभागृहाबाहेर पडले. त्यानंतर गेल्या महिन्यात ते दोन-तीनदा भेटले होते. त्या भेटीतलं सर्व बोलणं,

सांगणं मुद्द्याला धरून होणारं नसल्यामुळं विश्वासनं त्यातले महत्त्वाचे आणि आनंदच्या प्रश्नाशी संबंधित मुद्दे तेवढेच आनंदला सांगितले होते. भांडखोर भावड्या अमेरिकेत पुंजभौतिकीचं संशोधन करीत होता. त्याला डॉक्टरेट मिळवायला अडचण आलेली नव्हती; पण अमेरिकेच्या संरक्षण विभागानं त्याचं संशोधन 'अतिगुप्त' असं जाहीर केलं होतं. निकोला तेस्लाच्या ज्ञात प्रयोगांना पुंजभौतिकाचे नियम लावून तो पुढं संशोधन करू लागला. त्याचे कागदपत्र तपासले जातात. संगणकातून माहिती मिळविण्याचा प्रयत्न केला जातो, हे लक्षात येताच त्यांनं काही सापळे रचले. तेव्हा त्याच्या संशोधनावर शासकीय गुप्तचर संस्थाच लक्ष ठेवून आहेत, हे त्याच्या लक्षात आलं होतं. एक दिवस भावड्या सर्व काही अमेरिकेत सोडून भारतात परतला होता. त्यानं बारावी ते पदवीपर्यंतचे विद्यार्थी शोधून त्यांना फुकट शिकवायला सुरुवात केली. पुढच्या वर्षी त्याच्याकडं विद्यार्थ्यांची रांग लागली होती. तो विद्यार्थी निवडत होता. बहुतेक सर्व विद्यार्थी पहिल्या दहांत येत होते. अमेरिकेतून आणलेला पैसा आणि या शिकवण्यांच्या जोरावर भावड्यानं एक बंगला बांधला होता आणि त्याचं अपुरं संशोधन पुढं चालवलं होतं...

"भावड्याला तू आर्थिक मदत करशील का?" विश्वासनं विचारलं.

"हे तू मला फोनवर विचारलं असतंस तरी मी 'हो' म्हटलं असतं."

"म्हणूनच मी विचारलं नाही. तो कोणत्या प्रकारचं संशोधन करतोय, हे तू माहीत करून घ्यावंस, असं मला वाटतं."

"सांग!" आनंदनं परत ग्लास भरले.

"कालप्रवास!" विश्वास म्हणाला.

आनंद ते ऐकून हसला. विश्वास त्याच्याकडं एकटक पाहत होता. ते पाहून आनंद अस्वस्थ झाला. विश्वासनं मद्याचा घोट घेतला. तो परत आनंदकडं पाहत म्हणाला, "तू भावड्याला भेटावंस, असं मला वाटतं. मी चेष्टा करीत नाही. त्याच्याकडे तुझ्या प्रश्नावर उत्तर आहे."

"ते कसं?"

"तू भावड्याला लवकरात लवकर भेट. मी त्याच्याकडं तुला घेऊन जाईन मी तुला काय ते सांगू शकेन; पण माझ्या तोंडून चुकीचे शब्द गेले तर काहीतरी घोटाळा होईल. तुझा माझ्यावर विश्वास आहे, असं नेहमी म्हणतोस, मग या वेळीही तो ठेव."

"ठीक आहे. पुढच्या आठवड्यात केव्हातरी मला फोन कर. मी तयार आहे."

ते दोघं शहराबाहेरच्या त्या बंगल्याजवळ आले तेव्हा काही अगदी तरुण मुलं मोठ्या फाटकाशी रेंगाळत होती. त्यांनी हेच ते घर असं सांगितलं. ही दोघं आत

गेली. दार उघडंच होतं. आत एक गृहस्थ काही विद्यार्थ्यांशी बोलत उभे होते. त्याचे संपूर्ण केस पांढरे झालेले होते. गुळगुळीत दाढी. त्या दोघांप्रमाणेच पोशाख. विक्षिप्त आणि विचित्र असं त्यात काही दिसलं नाही, तरी आनंदनंही भांडखोर भावड्याला ओळखलं. शाळेपासून आजमितीस तो एकदाही भावड्याशी बोललेलाच नव्हता, हे त्याक्षणी खरं तर कारण नसतानाही त्याला आठवलं. भावड्या त्या मुलांना 'प्रकाश' ही संकल्पना समजावून सांगत होता. "उद्या सकाळी बरोबर नऊ!" भावड्यानं त्यांना निरोप दिला. मग तो त्यांच्या दिशेनं वळला.

"काय घेणार?" वगैरे झालं. विश्वास भावड्याला म्हणाला, "सगळं तूच करणार असशील तर तू नि आनंद बोला. मी कॉफी करतों. घरी कुणी करणारं असेल तर मग चहा, कॉफी काहीही सांग. फक्त साखर कमी." भावड्यानं लग्न केलेलं नव्हतं, याची विश्वासला कल्पना होती. 'अमेरिकेत गरज पडत नव्हती आणि कुठली अमेरिकन बाई माझ्या घरात टिकली असती? त्यासाठी आर्य पतिव्रताच हवी!' असं स्पष्टीकरण पहिल्या भेटीतच भावड्यानं दिलं होतं.

"स्वयंपाकाला आणि साफसफाईला बाई येतात. शिवाय दशरथ असतो. हरकाम्या आहे. सांगकाम्या आहे. जास्त डोकं असलेल्या नोकरांचा तसा त्रासच होतो. मागं एका हुशार नोकरानं माझा प्रयोग खड्ड्यात घातला होता. त्याला वाटत होतं मी सोनं बनवायचे प्रयोग करतोय." भावड्या म्हणाला. भांडखोर भावड्या बराच शांत झालेला दिसत होता. त्यानं दशरथला हाक मारली. पांढरी दाढी, पांढरे केस, सुरकुतलेला चेहरा. त्याच्या रेखाचित्रानं किंवा छायाचित्रानं 'वय' असं नाव असतं तर कुठल्याही कलास्पर्धेत किमान उत्तेजनार्थ तरी बक्षीस मिळवलं असतंच. भावड्यानं 'तीन कॉफी' असं सांगताच तो आत गेला.

"बोला!" भावड्या आनंदकडं पाहत म्हणाला. ,

"भावड्या, तू आधी तुझ्या संशोधनाची माहिती आनंदला दे, मग तो काय ते बोलेल. तुझा खर्चाचा आकडाही स्पष्ट कर!"

"पंचवीस लाख रुपये! हप्ते मी सांगेन. एकदम नको. कदाचित ही रक्कम कमी होईल. कदाचित जास्त असेल. दीड वर्ष तरी लागेल." विश्वासनं आनंदकडं बघितलं. त्याचा चेहरा निर्विकार होता. त्याच्या दृष्टीनं ही रक्कम किरकोळ असावी. समजा नसली, तरी त्याच्या चेहऱ्यावरून तसा अंदाज लावणं कठीण होतं. पक्का व्यापारी होता तो. धंद्यात मुरलेला.

"तुमच्या प्रयोगाचं वैशिष्ट्य मला कळेल काय?" त्यानं मुद्द्याला हात घातला. दशरथ कॉफी घेऊन आला, त्यांच्यासमोर कप ठेवून गेला. कॉफी प्यायले. कुणीच बोलत नव्हतं. विश्वासनं बोलायचं काहीच कारण नव्हतं. आनंदचं बोलून झालं होतं. भावड्या विचार करीत होता. कॉफीचे कप दशरथनं आत नेले.

भावड्यानं घसा खाकरला. मग उठून त्यानं स्वयंपाक घराकडं जाणारं दार बंद केलं.

"थोडी पार्श्वभूमी मी याच्यासाठी स्पष्ट करतो," आनंदच्या दिशेनं हात करीत तो विश्वासला म्हणाला, विश्वासनं मान डोलावली.

"मी भारत सोडून परदेशी गेलो. माझ्या गाईडचं आणि माझं पटणं शक्यच नव्हतं. त्यात तिकडची शिष्यवृत्ती मिळाली. एक नव्हे दोन-तीन ठिकाणांहून बोलावणं आलं होतं. मी तिकडं गेलो. फीनमनच्या एका विद्यार्थ्याचं शिष्यत्व स्वीकारलं. तो महामानव हयात असता त्याचेच पाय धरले असते." भावड्यानं त्याच्या डॉक्टरेटचा सर्व इतिहास त्या दोघांना ऐकवल्यावर तो मुद्द्याला आला. भावड्याच्या संशोधनाचा फार मोठा भाग हा गणिती होता. सैद्धांतिक होता; पण भावड्या हा नुसता विचारातच रमणारा माणूस नव्हता. त्याला त्याच्या सिद्धांताचं यांत्रिकी प्रात्यक्षिक कराण्यातही रस होता. त्याच्या आधीही बऱ्याच व्यक्तींनी कालप्रवासाची संकल्पना हाताळली होती. भावड्यानं त्या सर्व प्रयत्नांचा आढावा घेतला तेव्हा कालप्रवासाविषयी संशोधन करणाऱ्या अनेक व्यक्ती अचानक नाहीशा झाल्याचं त्याच्या लक्षात आलंच; पण सरकारदफ्तरी त्यांच्या संशोधनातला तेवढाच भाग वगळलेलाही त्याला आढळला. पुन्हा त्याला निकोला तेस्ला आठवला. तेस्लाच्या गूढ मृत्यूचं रहस्य उलगडलेलं नव्हतं. दुसऱ्या महायुद्धाचा फायदा घेऊन अमेरिकी शासनानं तेस्लाचे बरेच कागदपत्र 'अतिगुप्त' शिक्का मारून गायब केले होते. त्यानंतर बऱ्याच शास्त्रज्ञांच्या अदृश्य होण्याचाही फारसा कसून तपास झालेला नव्हताच. यातून दोन स्पष्ट तर्क निघत होते. एक या शास्त्रज्ञांच्या गायब होण्यात, त्या त्या देशांच्या शास्त्यांचा हात तरी होता किंवा ते शास्त्रज्ञ कालप्रवासाचं यंत्र बनवण्यात यशस्वी झाले होते आणि मग गायब झाले होते. गायब झालेल्या शास्त्रज्ञांनी जर तसं यंत्र बनविलेलं असेल तर त्यात तीन शक्यता संभवत होत्या. एक म्हणजे ते पूर्णपणे यशस्वी झाले आणि वेगळ्या काळात राहू लागले. अधूनमधून ते परतही आले असावेत; पण ते सांगणं अवघड. दोन, अभिमन्यूंप्रमाणेच त्यांचा मार्ग एकेरी होता. ते त्यांना हव्या त्या काळात गेले; पण परतू शकले नाहीत. तीन म्हणजे त्या प्रयोगात त्यांचा आणि त्यांच्या यंत्राचा अपघाती शेवट झाला असावा, असं सांगून भावड्या श्वास घ्यायचा थांबला होता.

भावड्यानं समोरचा तांब्या उचलला. तसाच तोंडावर धरून वाकडा केला. पालथ्या पंजानं तोंड पुसलं मग तो पुन्हा बोलू लागला. त्यानं हा सर्व आढावा घेतल्यानंतर त्याबाबत खूप विचार केला. प्रयोगात मरायला त्याची हरकत नव्हती; पण अमेरिकन शासनाच्या गुप्तचरांनी त्याला नाहीसं करावं, याला त्याची नक्कीच हरकत होती. तो अमेरिकेतून युरोपात जायचा विचार करू लागला; पण तिथं अमेरिकन गुप्तचर खात्याचे हात पोहोचू शकत होतेच; पण ज्या देशात तो जाईल

त्या देशाचे गुप्तचरही त्याच्यापर्यंत पोहोचू शकत होते. एक दिवस तो सरळ उठला. त्याचे पैसे तो हळूहळू भारतात पाठवीत होताच; पण त्यानं त्यादिवशी सगळी संशोधनविषयक कागदपत्रं त्याच्या ब्रिफकेसमध्ये टाकलं. वकिलाला महिन्याभरानंतर गाडी आणि घर विकायची सूचना दिली आणि पहिलं मिळेल ते विमान पकडून तो भारतात परतला होता.

''मी इथं माझ्या रक्षणाची योग्य ती खबरदारी घेतली आहे. माझं कालयंत्र खरं तर तयार आहे. त्याच्या काही चाचण्या घ्यायच्या राहिल्या आहेत, एवढंच!''

''या कालयंत्राचा मला काय उपयोग?'' आनंदनं विचारलं.

''तुमच्या पत्नी असाध्य विकारानं आजारी आहेत, बरोबर?'' यावर आनंदनं होकारार्थी मान हलवली.

''माझे प्रयोग यशस्वी झाले आहेत; पण इथं सर्वांत मोठा धोका वीज जाण्याचा आहे. राज्य वीज मंडळावर माझा भरवसा नाही, हे एक; त्या सर्व अडचणी दूर करण्यासाठीच मला पंचवीस लाख रुपये हवेत. समजा, तुमची पत्नी शे-सव्वाशे वर्ष भविष्यकाळात गेली, तिथं तिच्या आजारपणावर उपचार झाले, ती बरी होऊन परतली, तर?''

''मला वाटतं ती बरी होऊन परतणार असेल तर हे पैसे फार नाहीत, पण ती बरी होऊन परतेल, याची खात्री काय?'' या प्रश्नावर भावड्या हसला.

''शून्य!''

त्याचं हे उत्तर इतकं अनपेक्षित होतं, की आनंद अवाक् झाला. जेव्हा एखाद्या कामासाठी कुणी पैसे मागतो, त्यावेळी तो ते काम शंभर टक्के यशस्वी करणारच, याची खात्री देतोच; पैसे देऊ करण्याच्या माणसापुढं ते काम यशस्वी करण्यात किती अडचणी आहेत; पण त्या अडचणी पार करण्याचे आपल्याकडे किती मार्ग आहेत; हेही वेगवेगळ्या परीनं पटवून देतो. नाहीतर 'एकदा मला काम देऊन बघा, नाही पटलं तर पुन्हा देऊ नका,' असं सांगतो. 'पैसे परत' अशीही भाषा बोलतो. यातला दुसरा भाग इथं संभवत नव्हता, पण 'शून्य' हे उत्तर अगदीच अनपेक्षित होतं.

''मग मी माझ्या पत्नीचा जीव का धोक्यात टाकावा?'' आनंदनं स्वत:ला सावरत विचारणा केली.

''तुमच्या पत्नीचा जीव तुम्ही धोक्यात घालत नाही, तो आधीच धोक्यात आहे. या यंत्रातून काही व्यक्ती भविष्यकाळात जाऊन आल्या आहेत. त्यामुळं कुठल्या कर्करोगावर कुठल्या काळात उपाय सापडलाय, याची मला कल्पना आहे. तरीही मी 'शून्य' असं उत्तर दिलं, याचं कारण या यंत्रातून एकावेळी एकच व्यक्ती जाऊ शकते. ती जर मनानं कमकुवत असेल तर तिचा शेवट या यंत्रातच होतो. तुमच्या पत्नीच्या मन:स्थितीची, मनोबलाची मला कल्पना नसल्यानं मी 'शून्य'

असं उत्तर दिलं. ''सुरुवातीत तुम्ही विश्वासला ५० टक्के खात्री दिली होतीत.''

''नाही, ती बरी होऊन परतली तर फारच छान! परतली नाही तर मी निम्मे पैसे परत करीन असं म्हटलं होतं; पण तेव्हा विश्वास किती गांभीर्यानं बोलतोय याची मला कल्पना नव्हती. त्यानं जेव्हा 'तुम्हाला घेऊन येतोय' असा निरोप दिला, तेव्हा मला परिस्थितीचं गांभीर्य लक्षात आलं. त्यामुळं मी 'शून्य' हे उत्तर दिलं. माझ्या स्पष्टवक्तेपणाचा राग येऊन, माझ्या नावातला 'व' वगळून मला विशेषणं लावतात, हे मला माहीत आहे; पण उगीच खोटं बोलणं मला आवडत नाही. साध्या स्कूटर आणि चपलांच्या स्टॅडवरसुद्धा 'आपली वाहनं/ पादत्राणं स्वतःच्या जबाबदारीवर ठेवावीत' अशा पाट्या असतात, त्यासुद्धा मंदिराच्या परिसरात. मी तर साधा माणूस आहे. हे जे सगळं घडेल त्याची जबाबदारी तुमची असेल. विचार करून 'हो' म्हणा. तुमच्या पत्नीशी बोला. त्या 'हो' म्हणाल्या तर मी एकदा त्यांच्याशी बोलेन. धोक्याची कल्पना देईन. मग प्रयोगाची तयारी.''

''तुम्ही याला दीड वर्ष लागेल असं म्हणालात.''

''तुम्हाला घाई असेल तर उद्यासुद्धा माझी तयारी आहे; पण...''

''इतका वेळ तुम्ही स्पष्ट बोललात, आता थांबू नका.''

''ठीक आहे. माझं यंत्र तयार आहे. तुमच्या आणि तुमच्या पत्नीच्या शारीरिक आणि मानसिक तयारीलाच वेळ लागणार आहे. शिवाय मला त्यासाठी थोडी तयारी करावी लागेल. तुमचा निर्णय झाला, की मला कळवा.''

हस्तांदोलन करून त्यांनी भावड्याची रजा घेतली.

घरी सोडण्यापूर्वी आनंदनं विश्वासला विचारलं, ''तुला काय वाटतं?''

''माझ्या पद्धतीनं मी चौकशी केली आहे. जर कालयंत्र कुणी तयार करू शकेल तर तो भावड्या, असंच सर्वांचं मत आहे. तो जीनिअस आहे, याबद्दल दुमत नाही. अमेरिकेत त्याला परत नेण्यासाठी अमेरिकन शासनाचे जोरदार प्रयत्नही सुरू आहेत. हे अर्थात अधिकृतपणे मला ठाऊक नाही,'' विश्वासनं उत्तर दिलं.

विश्वासनं फोन घेतला. आनंदचा फोन. भावड्याला भेटून पैसे द्यायचे होते. शक्य तितक्या लवकर प्रयोग सुरू करायचा होता. विश्वासनं भावड्याशी संपर्क साधला. त्यानं सुप्रियासह सर्वांना भेटायला बोलावलं. तिचे अगदी अलीकडचे वैद्यकीय तपासणीचे अहवाल मागवून घेतले. आनंद आणि सुप्रियाशी तो बोलला. एक दिवस त्यानं विश्वासला फोन केला. ''तूही त्यावेळी हजर राहिलास तर बरं!'' तो म्हणाला. विश्वासनं ते मान्य केलं.

तो दिवस उजाडला. सर्व तयारी झाली. सुप्रियाला त्या यंत्रात बसविण्यात आलं. ती दिसेनाशी झाली. आनंदनं मागंच रहावं, असं भावड्यानं सांगितलं होतं. एकदम दोघंही नाहीसे झाले तर चर्चा होणार होती. मग भावड्या त्या यंत्रात बसला. त्यानं सूचना दिल्याप्रमाणं विश्वासनं खटके ओढले. भावड्या दिसेनासा झाला. घराला कुलूप लावून आनंद आणि विश्वास तिथून परतले. आनंदचा निरोप घेऊन विश्वास घरी आला. एक लिफाफा त्याची वाट पाहत होता. त्यानं तो उघडला.

प्रिय विश्वास,

स. न. ...

हे पत्र वाचून तुला धक्का बसेल. हे पत्र तू वाचत असशील तेव्हा सुप्रिया आणि मी तुमच्यापासून दूर गेलेलो असणार. तू या पत्रातला मजकूर आनंदला सांगणार नाहीस, हे मी गृहीत धरतो. सांगितलास तरी माझ्या दृष्टीनं फारसा फरक पडणार नाही. आनंदला मानसिक त्रास मात्र होईल. ती जबाबदारी अर्थातच तुझी.

सुप्रियाची आणि माझी लहानपणापासून ओळख होती. माझा विक्षिप्त स्वभाव माहीत असूनही ती माझ्यावर प्रेम करीत होती. मी कुणालाही न सांगता अमेरिकेत निघून गेलो. परतलोही तसाच; पण ते वेगळं. सुप्रिया दुखावली गेली. त्याचवेळी आनंदनं तिला मागणी घातली. सुप्रियानं माझ्याशी संपर्क साधायचा अतोनात प्रयत्न केला. मी मूर्ख आहे. तुला सांगायला नकोच. मी तिच्या पत्रांना उत्तरं दिली नाहीत. फोन स्वीकारले नाहीत. व्हायचं तेच झालं. असो.

मी भारतात परत आल्यावर आम्ही अचानक भेटलो. माझी चूक मला उमगली. सुप्रियाला आनंद आवडत नव्हता; पण त्याच्याबद्दल तिच्या मनात रागही नव्हता. मी भेटलो त्याच सुमारास 'आता मूल होऊ घ्यायला हरकत नाही' असा आनंदनं निर्णय घेतला होता. मग आम्ही तिला कर्करोग घडवून आणला. तिला काहीही झालेलं नाही.

आनंद तुझ्याजवळ बोलणार, तिची खात्री होती. तू त्या चर्चासत्रात उपस्थित राहणार, मला माहीत होतं. आपल्या बोलण्यात माझ्या संशोधनाविषयी तू चौकशी केलीस. मी मुद्दाम कालयंत्राचा विषय काढला. तू त्या गळ्याला अडकलास ते बरं झालं, नाहीतर तुला त्याबद्दल मला सुचवावं लागलं असतं. आम्ही दोघं सुखानं नांदू शकलो नाही – माझा स्वभाव तुला ठाऊकच आहे – तर सुप्रिया बरी होऊन परत येईल. ती आली नाही तर आम्ही सुखी आहोत, असं समज. मग अर्थातच प्रयोग फसलेला दिसतोय; असं तू म्हणू शकतोस. माझं यंत्र माझ्याशिवाय कुणी

वापरू शकणार नाही. स्फोटात फार मोठं नुकसान होईल. जादूगाराची जादू फक्त त्यालाच वापरता येते. सोबत 'मी पळून जाऊन आत्महत्या करीत आहे' असं सुप्रियाचं पत्र आहे. 'आजाराला कंटाळून,' हे कारण! कुणी सुप्रियाच्या नाहीशा होण्याबद्दल संशय व्यक्त केला तर उपयोगी पडेल.

तुझा
भावड्या

व्याकरण, शब्दरचना वगैरे दृष्टीनं हे पत्र चांगलं वाटणार नाही. भावड्या साहित्यिक नव्हता. परिणामकारकता हा निकष लावायचा, तर एवढं धक्कादायक पत्र यापूर्वी कधीही विश्वासला मिळालेलं नव्हतं. त्यानं सोबतची सुप्रियाची चिट्ठी आनंदला पोहोचवली. भावड्याचं पत्र जाळून टाकलं. त्यातली जादूगारासंबंधीची ओळ मात्र त्याच्या नक्कीच लक्षात आहे. ते दोघं कालप्रवासाला गेले होते, की कुठं पळून जाऊन याच काळात राहात होते, या प्रश्नवार विचार करताना विश्वास हरवतो. अस्वस्थ होतो. पण तो तरी काय करणार? मशीन तपासायला गेलो आणि खरंच स्फोट झाला तर.... हा विचार मनात आला की तो गप्प बसतो.

■

परीक्षा

ही कथा सांगणं म्हणजे आपल्याच हातानं आपली फजिती सांगणं आहे. माणसाला मित्र असतात, संकटसमयी उपयोगी पडतो तो खरा मित्र अशी एक मित्राची व्याख्या आहे. 'ए फ्रेंड इन नीड इज अ फ्रेंड इंडीड' याचं ते मराठीकरण आहे. ही म्हण ज्यानं निर्माण केली तो माणूस बहुधा त्याची स्वतःची गरज भागविण्यासाठी त्याच्या एखाद्या भोळसट मित्राकडं गेला असावा आणि त्या भोळसट मित्राचा वेळ आणि पैसा स्वतःला हवाहवासा वाटत असताना त्यानं त्या मित्राला ही म्हण ऐकवली असावी. ही म्हण खरी मानली तर मला आजमितीस एकही सच्चा मित्र भेटलेला नाही.

याचा अर्थ मला मित्र नाहीत असं नाही, पण माझे सगळे मित्र 'दोस्त' या व्याख्येत बसणारे आहेत. आता तुम्ही म्हणाल, की 'दोस्त' हा शब्द मित्राला समानार्थी आहे. तेव्हा 'मित्र' आणि 'दोस्त' त्यामध्ये फरक कसा करणार? दोस्ताची व्याख्या तुम्ही ऐकलेली नसेल असं या प्रश्नावरून मला वाटतं. 'दोस्त वही होता है, जो मौके पे धोखा देता है.' या व्याख्येत बसणारे अनेक दोस्त मला माहीत आहेत. याही वरताण असे आमचे काही परममित्र आहेत. ते 'धोखा' देत नाहीत तर संकटं ओढवून आणून आमच्यावर सोडतात. बरं, लहानपणापासून आम्ही बरोबर खेळलेलो. ह्यांना फुटवावं हे अजून कळत नाही म्हणा किंवा कळलं तरी वळत नाही अशी परिस्थिती.

शाम्या आला. माझ्या कपाळावर आठ्या चढणं अगदी साहजिक असल्यानं त्या चढल्या. त्याची त्याला सवय होती. 'असं सोनामुखी घेतल्यासारखा चेहरा का केलाहेस?' या त्याच्या आयुर्वेदिक प्रश्नाकडं दुर्लक्ष करून मी चहा पीत राहिलो. नुकताच संगणकासमोरून उठलो होतो. माझी 'कन्सल्टन्सी सर्व्हिस' आहे. मी लोकांना विकतचे सल्ले देतो.

"बाळ्या, अरे चहा तरी विचार!"

"तुला चहा पाहिजे तर तसं सांग. माझा समज असा झाला, की आमचा चहा चांगला नाही. तू माझ्या चेहऱ्याबद्दल जे उद्गार काढलेस ते आतही ऐकू गेले असणार, तेव्हा आज तरी चहा मिळणं अवघड आहे."

"वहिनी, चहा द्या हो!" शाम्यानं स्वतःच पुढाकार घेऊन त्याच्या चहाची व्यवस्था केली.

"तुझी सल्ला द्यायची खटपट कशी चालली आहे?"

हाही शाम्याचा नेहमीचाच सवाल असल्यानं मी चहा संपवला.

"तू काही बोलत नाहीस. काय झालंय?" शाम्यानं विचारलं.

"मला काहीच झालेलं नाही, पण पुढं काय होणार याची चिंता वाटू लागलीय." मी म्हणालो.

"हे बघ बाळ्या, तू मला दोष द्यायची ही सवय सोडून दे. हीच मानवी प्रवृत्ती अनेकांना नडते. तुझ्या कामात तुला यश येत नाही हा माझा दोष नाही. आपण काय करतो, की जबाबदारी टाळतो. यशाचे धनी बनतो; पण अपयश आलं की विश्वामित्री पवित्रा घेतो."

"झालं भाषण आणि चहाही संपलाय, तेव्हा निघा. मला कामं आहेत." आज माझ्या अंगात बाणेदारपणा संचारला होता. हे मलाही नवीनच होतं.

"मी निघतो; पण जाण्यापूर्वी मला काय म्हणायचंय ते तर ऐक. निर्णय सावकाश घे." या वाक्यानं यापूर्वी मला अनेकवार धोबीपछाड घातलेली आहे. मी सावध झालो.

"अहो, शामभावजी काय म्हणाहेत ते ऐकून तरी घ्या."

हा वटहुकूम होता. शाम्या असले वटहुकूम काढवून घेण्यात पटाईत होता.

'आलिया भोगासी असावे सादर' म्हणून मी कसायासमोर जाणाऱ्या शेळीसारखा बसून राहिलो.

"तू 'डिटेक्टिव्ह एजन्सी' का काढत नाहीस?" मी खुर्चीवर बसलो होतो, म्हणूनच पडलो नव्हतो.

"तुला वेड लागलं आहे काय?" मी शुद्ध मराठीत विचारलं.

"बाळासाहेब, आपण माझं म्हणणं ऐकून घ्यायचं वचन दिलं होतं."

"मी अजिबात वचन-बिचन दिलेलं नाही, पण बोल."

"तू एवढा संगणकतज्ज्ञ आहेस. तुझ्या हाताखाली दोन यंत्रमानव राबताहेत तर आपण दोघे मिळून एक 'डिटेक्टिव्ह एजन्सी' काढायला काय हरकत आहे?"

"तुझं डोकंबिकं फिरलंय काय?" मघाचाच प्रश्न मी वेगळ्या शब्दात विचारला होता.

''मी पूर्ण शुद्धीत आणि डोक्यावर परिणाम झालेला नसताना, पूर्ण विचारांनी तुला भागीदारीची ऑर्डर देतोय तर तू माझ्या डोक्याबद्दल निरनिराळ्या शंका काढतोस. ही काय मैत्री झाली?''

यावर काही न बोलणंच इष्ट असूनही मी तोंड उघडण्याचा गाढवपणा केला होता. काही वेळाच अशा असतात, की आपल्या हातून चुका घडत जातात.

''तू आधी मला 'डिटेक्टिव्ह एजन्सी' काढायला सांगत होतास. आता तू मला भागीदार करून घ्यायला तयार झाला आहेस. थोड्या वेळानं मला नोकरी देऊ करशील, बरोबर?''

''तसा विचार माझ्या मनात आला होता, पण तू भागीदारीचं प्रपोजल स्वीकारशील असं मला वाटतंय.''

''शाम्या, मला एक सांग. हा विचार म्हणजे मला खड्ड्यात घालायचा विचार नाही. तो तुझ्या डोक्यात कायमच असतो म्हणा; पण डिटेक्टिव्ह एजन्सी काढावी हा विचार तुझ्या मनात का यावा?''

या प्रश्नावर शाम्यानं चेहरा विचारी केला. दाढी खाजवली, केस विस्कटले, पुन्हा नीट केले.

''दॅट वॉज ऑन इन्स्पिरेशन, बाळासाहेब! कवीला कविता स्फुरते तसा तो विचार मला स्फुरला.''

या उत्तरावर मी काय बोलणार?

''पण तुला माझा विचार कसा वाटला?'' शाम्यानं विचारलं.

''मी माझं मत सहसा फुकट देत नाही.''

''त्यामुळंच भारतीय लोकशाहीची वाट लागलीय!'' इति शाम्या.

''ते मत नव्हे मूर्खा, माय व्हॅल्यूएबल ओपिनियन!'' मराठी माणसाला इंग्रजी बोलल्याशिवाय काही गोष्टी कळतच नाहीत.

''तुझी फी किती ते सांग?''

''तू जर ही कल्पना डोक्यातून काढणार असशील तर शून्य रुपये!'

पण कळविण्यास अत्यंत दुःख होते, की शाम्याच्या डोक्यातून ती कल्पना गेली नाही. मी आणि त्यानं भागीदारीत 'शाबा डिटेक्टिव्ह एजन्सी' सुरू केली.

''आपण 'सदाशिव' नावाचा आणखी एक भागीदार घेऊ म्हणजे आपल्याला 'शाबास' डिटेक्टिव्ह एजन्सी काढता येईल.''

ही कल्पना मात्र का कोण जाणे फळास आली नाही आणि त्यामुळं मीच एकटा शाम्याच्या काव्यास बळी पडलो. बहुधा त्या काळात सदाशिव नावाच्या सर्व व्यक्तींचे ग्रह चांगले असावेत. शाम्याच्या डोक्यातून कधी कोणती कल्पना का

निघेल हे सांगणं अवघड असलं, तरी 'शाबा डिटेक्टिव्ह एजन्सी'च्या मुळाशी मला कायमस्वरूपी खड्ड्यात घालण्याचा त्याचा डाव असावा.

मी 'सल्लागार' हा पेशा स्वीकारला आहे. त्यात मला बऱ्यापैकी पैसा मिळतो. पेटंट कसं मिळवावं इथपासून पोरगी कशी पटवावी इथपर्यंत सर्व बाबतीत लोक माझा सल्ला विचारायला येतात. दिवाळी अंकासाठी आधी मानधन घेऊन मग कथा देणाऱ्या लेखकांप्रमाणे मीही आधी सल्लाशुल्क आणि मगच सल्ला हा मार्ग पत्करलेला आहे. ज्योतिषी ज्याप्रमाणे भविष्य चुकल्यावर अनेक सबबी सांगू शकतात आणि तरीही त्यांचा धंदा फोफावतो तद्वतच माझाही धंदा टॉप गिअरमध्ये चाललेला आहे. आज माझ्याकडं एक मानवी मदतनीस, तीन यंत्रमानव असा फौजफाटा आहे. तीनातील एक यंत्रमानव सौ.च्या तैनातीत असतो. संगणकांची तर फौजच आहे, त्यामुळं माझं बरं चाललंय हे सांगायला ज्योतिषाची गरज नाही. आता शाम्याला हे सर्व मला फुकटच मिळालंय असं वाटत राहतं.

"तुझं बरं आहे लेका, पैसा चालत येतो. कसायाला गाय धार्जिणी म्हणतात ते काय उगीच?" ही त्याची शेरेबाजी मी ऐकून न ऐकल्यासारखी करीत असतो. शाम्याला कामधंदा करावा लागत नाही. विसाव्या शतकाच्या अखेरच्या काळात भारतातून अनेकजण अमेरिकेतल्या 'सिलीकॉन व्हॅली' नावाच्या सोन्याच्या खाणीत पोहोचले. त्यात शाम्याचा एक अविवाहित चुलता होता. त्याचं नावही शामसुंदरच होतं. तो कधीतरी भारतात आला असताना आपल्या भावाला म्हणजे शाम्याच्या वडिलांना भेटायला आला. तोपर्यंत शाम्याच्या आई-वडिलांचा संसार विनापत्यच होता. हा शामराव गेल्यानंतर एक दिवस शाम्याच्या आईला माती खावीशी वाटू लागली तेव्हा आपल्या भावाचा पायगुण चांगला म्हणून, तसंच त्याच्याप्रमाणेच आपल्या मुलानंही परदेशात जाऊन नाव व पैसा कमवावा या सुप्त इच्छेने झालेल्या मुलाचं नाव त्यांनी शामसुंदरच ठेवलं. त्यांना त्यावेळी मुलगी झाली असती तर? हा प्रश्न मला बरेचदा सतावत असतो, पण ती मुलगी जर शाम्याचं स्त्रीरूप असती आणि माझ्या गळ्यात पडली असती तर या कल्पनेनं मी हा प्रश्न कधीही कुणाला बोलून दाखवत नसतो.

शामसुंदरकाका जेव्हा नंतर पाच वर्षांनी भारतात आले त्यावेळी आपल्या पुतण्याचं नाव आपल्यावरून ठेवण्यात आल्याचं कळल्यावर भलतेच प्रभावित झाले. त्यांनी त्यावेळी शाम्याचे भलतेच लाड केले. ही शामसुंदर काकांची अखेरची भारतभेट ठरली. अमेरिकेत माणसं मारण्याची अनेक नवनवीन हत्यारं निर्माण केली जातात. त्यातलं सर्वांत प्रभावी साधन म्हणजे मोटरगाडी. हृदयविकार आणि मोटर अपघात यात तिथं माणसांचे बळी मिळविण्याबद्दल कायम स्पर्धा चालू असते. जो मोटरखाली मरत नाही किंवा मोटरमध्ये मरत नाही तो माणूस बहुधा हृदयविकाराला

बळी पडतो. शामसुंदर काका हृदयविकारापर्यंत पोहोचले नाहीत. ख्रिसमसच्या काळातल्या 'पाईल अप'मध्ये – म्हणजे किती मोटारी वेगात येऊन एकमेकींवर मनोरा करतात अशी एक स्पर्धा असते त्यात ते गेले. मरण्यापूर्वी त्यांची काही लक्ष डॉलर्सची संपत्ती त्यांनी त्यांचा पुतण्या शामसुंदर याच्या नावे केली होती. रुपयात ती काही कोटींची होत होती, त्यामुळे शाम्याला सगळे कर भरूनसुद्धा पैशाची ददात नव्हती. सरस्वती आणि लक्ष्मीचं कडाक्याचं भांडण असतं याचं उत्तम उदाहरण म्हणजे आमचे हे दोस्त शामसुंदर!

त्याची आर्थिक परिस्थिती उत्तम असल्यामुळं त्याच्याबाबतीत ती तक्रार करायचं कारण नव्हतं. फुकटची श्रीमंती चालून आल्यामुळं तो सढळ हातानं खर्चही करत असे, पण त्याच्या कल्पना अफाट असत. शिवाय माझा खर्च होतोय तर तुझं काय जातंय, हे वर ऐकून घ्यावं लागत असे. त्याला 'नाही' म्हणायचं असं मी कायमस्वरूपी ठरवलेलं होतं, पण ही 'शाबा डिटेक्टिव्ह एजन्सी' ची कल्पना मांडताना माझी पत्नी हजर होती आणि त्यामुळं हे घोंगडं माझ्या गळ्यात पडलेलं होतं.

माझा व्यवसाय चालू ठेवून मला 'शाबा'चं काम बघायचं होतं. जर कुणी सल्ला मागायला आलं आणि त्या व्यक्तीला गुप्तचरांची गरज असेल तर अर्थातच मी 'शाबा'ची शिफारस करायची होती. ऑफीस थाटण्याचा खर्च सर्व 'शा'चा, यंत्रमानव 'बा'चे. पुढं गरज पडली तर 'शाबा'ने यंत्रमानव खरेदी करायचे असं ठरवलं होतं, मी एका गहाळक्षणी या योजनेस 'हो' म्हणण्याची गफलत करून बसलो होतो. शाबाच्या ऑफिसात शाम्या बसणार होता यातच आपल्या अध:पतनाची बीजं आहेत हे मी लक्षात घ्यायला हवं होतं.

आमच्या ऑफीसचं उद्घाटन मोठ्या थाटामाटात झालं. मी त्या फर्मचा भागीदार असल्यानं तिथं उद्घाटनाच्यावेळी हजर असणं अपरिहार्यच होतं. शाम्या जगन्मित्र असल्यानं उद्घाटनास खूप गर्दी होती. मी शाम्या ओळख करून देईल त्या व्यक्तींशी हस्तांदोलन करून हसत होतो. कृत्रिम हसणं हे शारीरिक आणि मानसिकरीत्या त्रासदायक असतं याची त्यावेळी मला प्रथम जाणीव झाली, पण मी हसत राहिलो आणि हस्तांदोलनही करीत राहिलो.

शाबा डिटेक्टिव्ह एजन्सीकडं पहिले काही दिवस कुत्रंही फिरकलेलं नव्हतं. 'तुझ्या कन्सल्टन्सीचा काही फायदा झाला नाही बघ!' असं म्हणून शाम्या सकाळी एक चक्कर टाकून जायचा तो दुसऱ्या दिवशीच उगवायचा. शाबासाठी जी रिसेप्शनिस्ट नेमली होती तिला मग मी माझीही कामं सांगू लागलो. फुकट पगार देणं माझ्या मनाला पटत नव्हतं. या शाबाचा एक वेगळाच त्रास घरी सुरू झाला. बायकोच्या कानातल्यापासून स्वयंपाकघरातल्या मिठाच्या डब्यापर्यंत एखादी गोष्ट

चटकन सापडेनाशी झाली, की माझ्या डिटेक्टिव्हपणाचा आणि शाबाचा उद्धार होऊ लागला. एवढंच नव्हे तर चांगला कार्यक्रम असलेली वाहिनी शोधणं हे अवघड कामही माझ्यावर सोपविण्यात येऊ लागलं.

शाबा बंद करून ती जागा आणि ती स्वागतिका माझ्या कचेरीत विलीन करावी हा विचार मी शाम्याला बोलून दाखवायची संधी शोधू लागलो. तेवढ्यात एखादा तरुण प्रमुख गुन्हा अन्वेषक म्हणून नेमावा अशी एक भन्नाट सूचना शाम्यानं मला केली. पुढचाच आठवड्यात तो एका प्रौढ गृहस्थांना घेऊन माझ्याकडं आला. त्यांनी यापूर्वी गुन्हा अन्वेषणाचं काम केलेलं होतं, मात्र त्यांच्याकडे बघून हे गृहस्थ गुन्ह्यांचा तपास करून त्यातलं रहस्य उलगडून दाखवत असतील असा संशयसुद्धा येऊ शकत नव्हता. त्यांना तिथल्या नेमणुकीचं पत्र द्यायची शाम्याला घाई झालेली दिसली. मी त्यांना 'दुसऱ्या दिवशी या', म्हणून त्यांची बोळवण केली.

"शाम्या, लेका इथं चिटपाखरू फिरकेना आणि डिटेक्टिव्ह कशाला नेमतोस? तो शोधणार काय?"

"पगाराचं मी बघतो. तेवढाच कर कमी भरावा लागेल." इति शाम्या.

दुसऱ्या दिवशी सकाळी ते गृहस्थ आले. त्यांच्याबरोबर आणखी एक व्यक्ती होती.

"मी काल शामसुंदर ह्यांच्याबरोबर आलो होतो. तुम्ही आज बोलावलं होतं. हे माझे साहाय्यक!"

"अहो, पण अजून तुम्हाला नेमलंय कुठं?"

"तुम्ही विरोध करालच, असं शामसुंदर म्हणाले होते. त्यांनी मला नेमणूकपत्र दिलंय, त्यातच मी माझा साहाय्यक निवडू शकतो असंही म्हटलंय. तुम्हाला ते ठाऊक असेलच. शिवाय तुम्ही शाबाचे संचालक आहात तेव्हा शेरलॉक होम्सबरोबर डॉ. वॉटसन, धनंजयाबरोबर छोटू, झुंजारबरोबर नेताजी असायचा हेही तुम्हाला ठाऊक असेल. डिटेक्टिव्ह मंडळी बहुधा जोडीनंच काम करतात." ते गृहस्थ म्हणाले.

मी त्यांचं नेमणूकपत्र बघितल्यासारखं केलं. खाली शाम्याची सही होती. ते पत्र वाचण्यात काही अर्थ नव्हता. तेव्हा मी त्या गृहस्थांना म्हणालो, "तुमचं नाव?"

'अप्पा!' बस. एवढंच त्यांनी सांगितलं. पत्रावरची सही मी बघितली होती. हे पत्र कुणाला उद्देशून होतं तेही बघायला हवं होतं. मी त्यांना शाबाची जागा दाखवली आणि माझ्या कामाला निघून गेलो. ते त्यांच्या कचेरीत गेले.

★★★

"अप्पा, ते गृहस्थ वैतागलेले दिसतात." बाळासाहेब त्यांच्या कचेरीत शिरल्यावर

मी अप्पांना म्हणालो.

"ते दुसरं काय करणार? हा शामसुंदर वागतोच तसा, पण हा गृहस्थ चांगला आहे.''

मग अप्पा त्यांच्या कामात गर्क झाले. माझ्यावर त्यांनी काही माहिती शोधून काढायचं काम सोपवलं होतं. मी त्या कामासाठी बाहेर पडलो. आपण इथं का आलो, कशासाठी आलो याची मला अप्पांनी अजिबात कल्पना दिलेली नव्हती, त्यामुळं ही एखादी धोकादायक कामगिरी असावी अशी कल्पना झाली होती. अप्पांनी विचारलं आणि मी नाही म्हटलं असं आतापर्यंत तरी झालेलं नव्हतं. त्या रिवाजानुसार याहीवेळा मी 'हो' म्हटलं होतं. मग अप्पांनी मला काही कपडे दिले. ते आमच्या काळातले नव्हते, पण माझ्या मापाचे होते. 'तू हो म्हणशील असं मला वाटलं तेव्हा माझ्या कपड्यांबरोबर हेही शिवून घेतले.' अप्पा म्हणाले होते. आम्ही मग शामसुंदरकडे आलो. तो प्रवास मला आठवत नाही, कारण अप्पांनीच मला झोपेचं औषध दिलं होतं. शामसुंदर अप्पांना आधीही भेटलेला असावा असं त्यांच्या बोलण्यावरून वाटत होतं. त्याच्याकडून ते पत्र घेऊन आम्ही 'शाबा डिटेक्टिव्ह एजन्सी'च्या ऑफीसमध्ये पोहोचलो होतो. अप्पांनी मला काही खरेदीला बाहेर पाठवलं होतं. मी परतलो तेव्हा अप्पांच्या समोर एक सुंदर मुलगी बसलेली होती.

"ये, ही रवीबाला!' अप्पा म्हणाले. मी नमस्कार केला. "शामसुंदरनी हिची शाबा एजन्सीत आपल्याही आधी नेमणूक केली आहे. ती स्वागतिका आणि माझी स्वीय साहाय्यक म्हणून काम करणार आहे. बाला, हे माझे मदतनीस!'' तिनं हसून नमस्कार केला.

नंतरच्या दिवशी अप्पा बाहेर पडले. रवीबालाशी गप्पा मारता-मारता तिची आणि शाबाची बरीच माहिती काढून घेतली. 'बरीच' हा शब्द खरं तर योग्य नाही. कारण खरं तर माहिती काढण्यासारखं इथं काही नव्हतं. हा शामसुंदर मात्र बराच विक्षिप्त वाटत होता. केवळ भरपूर पैसा आहे म्हणून तो त्यानं असा का खर्च करावा?' मी शामसुंदरबद्दलची माहिती मिळवायचं ठरवलं, पण त्यातही काही गोम अशी नव्हती. मग अप्पा मला इथं कशासाठी घेऊन आले होते?

अप्पांचं काम उरकून अप्पा परतले. माझ्याशी आणि बालाशी थोडं बोलले. त्या काळातल्या प्रथेप्रमाणं आम्ही बरोबर चहाही घेतला. मग अप्पा संगणकासमोर बसून संगणकातील माहिती पाहण्यात गढून गेले. मीही मग माहिती जाळ्याशी खेळ करून माहिती मिळवू लागलो. त्या काळातल्या गुन्हेगारीची माहिती मिळवायचा माझा प्रयत्न होता. त्यातून अप्पांना काय हवंय ते कळतंय का हे मी पाहत होतो.

ज्यांनी आजमितीस अप्पांच्या हकिकती वाचल्या आहेत, त्यांना अप्पा कोण हे माहीत असेलच. अप्पा हे जागतिक कीर्तीचे डिटेक्टिव्ह होते. त्यांनी अनेक रहस्ये

स्वत:च्या बुद्धिमत्तेच्या जोरावर सोडवलेली होती. त्यातही 'डॉक्टर' नावानं ओळखल्या जाणाऱ्या एका गुन्हेगाराची आणि त्यांची झटापट खूप गाजली होती. हा डॉक्टर पुढं शरीर गमावून बसला होता; पण त्याचा मेंदू त्यानं अंकीय स्वरूपात रूपांतरित केला होता. आता तो संगणकीय जाळ्यात वावरत होता, त्यामुळं संगणकाशी संबंधित सर्व माहिती त्याला कळत होती. संगणकबद्ध स्मरणसाठ्यात तो केव्हाही शिरू शकत होता. अधूनमधून तो अप्पांना आवाहन करीत असे. त्यावेळी अप्पा शांत बसून राहत असत. त्याच्या आवाहनानं चिडून काही करण्यात अर्थ नव्हता. ते मला म्हणत, 'आव्हान आणि आवाहन यात फरक आहे. आव्हानात गर्भित धमकी असते. आवाहनात मदतीची याचना असते. डॉक्टरला माझी मदत हवीय म्हणून तो मला बोलावतो. पूर्वी पाऊस पडला नाही, तर लोक वरुणाला आवाहन करायचे, संकट कोसळलं तर देवांना आवाहन करायचे तसंच डॉक्टर मला आवाहन करतोय, बोलावतोय. या एकदा तरी या म्हणून याचना करतोय, पण या प्रश्नाचा पूर्ण अभ्यास केल्याखेरीज त्याच्या आवाहनास प्रतिसाद देणे योग्य ठरणार नाही. त्याला आपण वाचवायला हवं.'

हे आता मला का आठवावं? बालाला तर यातील काहीच माहिती नव्हती, त्यामुळं याबाबतीत तिच्याशी बोलण्यात अर्थ नव्हता. आमचा काळ आणि या काळात बरीच दरी होती. तिनं माझ्या हकिकतीवर विश्वासच ठेवला नसता, हेही मला उमगत होतं. मी जर बालासमोर माझे विचार उघड केले असते, तर अप्पांच्या मार्गात अडथळा निर्माण होण्याची शक्यताच अधिक होती. मी अप्पांचं काम संपण्याची वाट पाहत बसून राहिलो. बाला काही फायली बघत होती तेव्हा फर्मचे मालक आमच्या केबीनमध्ये आले.

"तो शाम्याचा जगप्रसिद्ध डिटेक्टिव्ह कुठाय?'' त्यांनी विचारलं.

या माणसानं अप्पांचा असा उल्लेख करावा हे मला आवडलेलं नव्हतं. पण ज्याअर्थी अप्पांनी इथं काम करायचं ठरवलं त्याअर्थी या माणसाची मर्जी सांभाळणं, किमान त्याला न दुखवणं हे माझं कर्तव्य ठरत होतं.

"ते शामरावांच्याबरोबर बाहेर गेलेत.''

"शाम्या इथं आला होता?''

"नाही सर, त्यांचा दूरध्वनी आला होता.''

ते निघून गेले. ते कशासाठी आले होते? हा प्रश्न अनुत्तरीतच होता.

थोड्या वेळानं अप्पा आले. त्यांच्याबरोबर शामसुंदर होते. दोघेही मालकांना भेटायला गेले. खरं तर शाबामध्ये 'शा'सुद्धा मालकच होते मग 'बा'चा एवढा वट का? एक कोडंच होतं ते, पण हे कोडं तसं अगदीच किरकोळ होतं. खरं कोडं होतं ते अप्पांनी मला इथं का आणलं असावं? माझ्यावर त्यांनी सोपविलेल्या

विविध कामगिऱ्या मी पार पाडल्या होत्या. काही कुटुंबांची चौकशी यापलीकडं त्याला फार महत्त्व नव्हतं. बरेचदा तर त्या शहरातील ग्रंथालयातल्या ऑनलाईन कुलवृत्तांतातून ती माहिती विशेष कष्ट न करता मी मिळवली होती आणि नंतर त्यातल्या अखेरच्या नोंदी करून त्या व्यक्तींचा पत्ता काढून त्या माहितीची खातरजमा करून घेतली होती.

अंतर्गत संपर्कयंत्रणेवर निरोप आला. मी आणि बाला, दोघांनाही मालकांनी केबीनमध्ये बोलावलं होतं. आम्ही आत जाताच मालकांनी आम्हाला दोघांनाही बसायला सांगितलं. मग ते वळून अप्पांना म्हणाले,

"तुम्ही जे काही सांगताय त्यात दम नसेल तर मी तुम्हाला कामावरून काढून टाकीन. इट बेटर बी गुड! शाम्या, तुलाही मी सांगतोय, हा जर काही तुझा चावटपणा असेल तर तुझा नि माझा संबंध कायमचा संपला. शाबाची ही शेवटची बैठक. नंतर तू आणि शाबा ही नावं माझ्या दृष्टीनं संपली."

"मला तुमच्या अटी मान्य आहेत, पण त्याआधीच मी तुम्हाला सांगायला आलोय, मीच ही नोकरी सोडतोय. निरोप घेण्यापूर्वी तुम्हाला काही गोष्टी सांगणं माझं कर्तव्य आहे. तुम्हाला विश्वास ठेवायचा असेल तर ठेवा नाहीतर माझा वेडपटपणा म्हणून ते सोडून द्या. हा माझा मित्रही मला त्याबद्दल विचारणारच. त्यालाही मला ते सांगावं लागणार आहेच म्हणून त्यालाही बोलावलं. ही बाला चांगली मुलगी आहे. तिनं मी सांगितलेली सर्व कामं केली आहेत. तेव्हा तिलाही आपण काय करीत होतो हे कळायला हवं. तू यांना डॉक्टरची हकीकत सांगशील?" अप्पांनी मला विचारलं. मी मान डोलावली. घसा खाकरला आणि बोलू लागलो.

"मी काय म्हणतोय ते तुम्ही सर्व ऐकून घ्या. मग प्रश्न विचारा. आम्ही तुमच्या काळातले नाही. भविष्यकाळातून इथं कालयंत्राच्या साहाय्याने आलोय. आमच्या काळात कालयंत्र वापरण्यावर प्रचंड निर्बंध आहेत तरीही आम्हाला कालयंत्र वापरण्याची परवानगी मिळाली, त्याअर्थी हे काम बरंच महत्त्वाचं असणार.

"आमच्या काळातली गुन्हेगारी ही तुमच्या काळातल्या गुन्हेगारीपेक्षा बरीच वेगळी असली तरी शेवटी त्या गुन्हेगारीला काय हवं असणार – सत्ता, सामर्थ्य आणि अर्थातच संपत्ती! यामागं लागलेल्या व्यक्तीत आमच्या काळात एक असामान्य बुद्धिमत्तेचा गुन्हेगार जन्माला आला. त्यानं गुन्हेगारीचं शिखर काबीज केलं असं आपण म्हणू शकतो. तो मानवी साम्राज्याच्या टोकाला असलेल्या मागास ग्रहांवरून मतिमंद मुले मिळवायचा आणि त्यांच्या मेंदूमार्फत माहितीचा चोरटा व्यापार करायचा. जी माहिती स्वामित्वहक्ककायद्यामुळे उपलब्ध होत नसेल अशी माहिती संगणक चौर्याद्वारे पळवायची, ती मग या मतिमंदांच्या मेंदूत भरायची. उपचारासाठी म्हणून या मतिमंदांना दुसऱ्या ग्रहांवर पाठवायचं. तिथं ती माहिती तिथल्या

संगणकात डाऊनलोड करायची, असा हा व्यापार होता. स्मगलिंगची परिसीमा होती ती. अप्पांनी त्याचं हे कारस्थान उघडकीस आणलं. त्याला अटक करायला अप्पा आणि पोलीस गेले, तेव्हा त्याचं शरीर नष्ट झालं होतं.'' मी दम खायला थांबलो.

''त्या मुलांचं काय झालं?'' बालानं विचारलं तेव्हा मी पाणी पीत होतो.

''तुम्ही त्याचं शरीर नष्ट झालं म्हणालात. तो मेला असं म्हणाला नाहीत!'' बाळासाहेब – 'शाबा'तले बा विचारते झाले. मी अप्पांकडे बघितलं.

''सांगतो,'' अप्पा बोलू लागले, ''ती मुलं बरेचदा त्यांच्या मेंदूवर ताण पडल्यानं मरायची. आमच्या मुख्य कचेरीत चोरी झाल्यामुळं मी या प्रकरणात ओढला गेलो. मी डॉक्टरचा शोध घेतला. हे म्हणाले त्याप्रमाणे त्याचं शरीर नष्ट झालं, पण तो डॉक्टर अतिशय प्रज्ञावंत होता. त्यानं स्वतःच्या मेंदूचं अंकीय रूपांतर करून ते संगणकात साठवलं होतं आणि ते अशरीरी रूप गुन्हे करवून घेऊ लागलं होतं; म्हणून मग मीही संगणकात शिरायचं ठरवलं. दरम्यान संगणकात शिरण्यापूर्वी डॉक्टरची माहिती काढण्यासाठी डॉक्टरचा क्लोन तयार करायची एक कल्पना पुढं आली, पण क्लोनला मूळ व्यक्तीचं स्मरण नसतं, त्यामुळं क्लोनचा काही उपयोग नाही असं आमचे तज्ज्ञ म्हणाले. मग त्यांनी दुसराच एक उपाय सुचवला. तो म्हणजे डॉक्टरच्या मेंदूच्या चेतापेशींचे पुनर्जनन करणे. त्यांना पोषकद्रवात वाढवून त्यांच्याकडून माहिती काढून घ्यायचा हा प्रयोग आमच्या काळात यशस्वी होईल याची खात्री नव्हती. याचं कारण आमच्या संगणकजालात डॉक्टर घुसलेला होता. तो प्रयोगात घोटाळा करण्याची शक्यता नाकारता येत नव्हती. मग मी तुमच्या काळात यायचं ठरवलं. तुमच्या काळात क्लोनिंग झालेलं आहे. उती शरीराबाहेर वाढल्या जातात, त्यामुळे हे प्रयोग मला इथं करून घ्यायचे होते.

मी तुमच्या काळात यायला आणखी एक गोष्ट कारणीभूत होती. प्रत्येक मेंदूत एक आनुवंशिक किंवा वांशिक स्मरण ज्याला रेशल मेमरी म्हणतात ते असतं. ते स्मरण आपल्या स्मरणाला तर्कशुद्धता शिकवत असत. मानवजात अस्तित्वात आल्यापासूनची स्मरणगाथा असते ती, त्यामुळे बऱ्याच बाबतीत आपण सावध बनतो. डॉक्टरचे आणि माझे पूर्वज या काळात या ग्रहावर होते. त्यांच्या डी.एन.ए. रेणूंच्या साहाय्याने बऱ्याच गोष्टी करता येणं शक्य होतं. मुख्यतः आमची स्वभाववैशिष्ट्ये या अभ्यासातून स्पष्ट होणार होती. माझी ही सर्व कामं झाली. आता आम्ही परत आमच्या काळात जायला निघतो. मी या लढ्यात विजयी होणार याचं एक कारण मला ठाऊक आहे. माझं शरीरही अस्तित्वात असेल आणि मी अशरीरीसुद्धा असेन. आम्ही दोघं मिळून डॉक्टरचा नक्कीच पराभव करू. डॉक्टरशी सायबर स्पेसमध्ये

लढताना मला या अभ्यासाचा फायदा होणार आहे.'' असं म्हणत अप्पांनी खिशातून एक काचेचा गोल काढला.

''अप्पा, पण तुमचे पूर्वज कोण आणि डॉक्टरचे?'' शामसुंदरनी विचारले.

''ते सांगायला काही हरकत नाही. माझे पूर्वज बाळासाहेब आणि डॉक्टरचे पूर्वज तुम्ही.''

''अहो, पण मी तर लग्न करायचं नाही असं ठरवलय.'' शामसुंदर म्हणाले. अप्पा बालाकडे बघून हसले. ''तसं बरेचजण म्हणतात. तुम्हाला तुमचं भविष्य जाणून घ्यायचं असेल तर या गोलात बघा.'' साखळीला लावलेल्या गोलाला झोका देत अप्पा म्हणाले. ''तुमचे डोळे मिटताहेत. तुम्हाला झोप येते आहे. मी इथं आलो होतो हे तुम्ही विसरणार आहात. मला मदत केल्याबद्दल तुम्हाला बक्षीस मिळेल. ते इथं कसं आलं, कुणी दिलं त्याची चौकशी तुम्ही करणार नाही. मला तुम्ही विसरणार आहात.''

गोल फिरत होता. ते तिघेही निद्रिस्त झाले. अप्पांनी तीन सुंदर हिरे खिशातून काढले. शामसुंदर, बाळासाहेब आणि रवीबालाच्या हाती दिले. ''या सुंदर मुलाचा वंशज डॉक्टर निपजावा हे पटत नाही बघ.'' असे म्हणून अप्पांनी मला निघायची खूण केली. आम्ही आमच्या कालयानाकडं निघालो.

★★★

मी डोळे उघडले. 'अरे डुलकी लागली की काय' असं स्वत:शीच पुटपुटलो. ''शामसुंदर!'' मी हाक मारली. आयुष्यात प्रथमच शाम्या न म्हणता मी त्याला शामसुंदर म्हणालो. शाम्यांनं डोळे उघडलेच, पण मूठही उघडली.

''च्यायला बाळ्या! हे बघ काय?'' हातातल्या हिऱ्याकडं बघत तो म्हणाला.

मीही मूठ उघडली. मीही तसा श्रीमंत होतो, पण एवढं तेज:पुंज रत्न घेण्याची माझी ऐपत आहे की नाही याबद्दल मला खात्री नव्हती. शाम्याची ही चेष्टा करायची काहीतरी नवी युक्ती असावी. त्याच्या शेजारच्या खुर्चीवर बाला झोपली होती. तिचीही मूठ बंद होती.

''रवीबाला!'' मी हाक मारली. ती जागी झाली. तिनं मूठ उघडली. मी त्या हिऱ्याकडं बघून थक्क झालो. तीन हिऱ्यांत तो सर्वांत सुंदर हिरा होता यात शंकाच नव्हती. ''ही काय भानगड आहे, शाम्या? काय डाव आहे तुझा?'' मी शाम्याकडं संशयानं पाहत विचारलं.

''बाळ्या, खरंच मी काही केलं नाही. हे हिरेच आहेत का रे?'' त्यानं विचारलं. रवीबालानं तो हिरा टेबलाच्या काचेवर घासला, चरा उमटला.

''हिरा असो वा नसो, दिसायला तर सुंदर आहे!'' ती म्हणाली.

''मला एक स्वप्न पडलं होतं.'' शाम्या म्हणाला.

''मलाही, कुणीतरी....'' रवीबालाचं वाक्य अध्यर्र्यावरच तोडत मी म्हणालो, ''दोन माणसं आली होती, पण...''

तिघांनाही एकाच वेळी एकच स्वप्न? आम्ही चक्रावलो.

''शाबा डिटेक्टिव्ह एजन्सीची हे हिरे आणि हे स्वप्न ही परीक्षाच आहे, असं म्हणायल हवं!'' रवीबाला म्हणाली.

''बाळ्या, एक कल्पना आली बघ. हे रहस्य सोडविण्यात काही अर्थ नाही. हे हिरे हातचे जायचे. डोंट लुक अ गिफ्ट हॉर्स इन द माऊथ, काय? आपण असं करू या...''

''शाम्या, लेका हात जोडतो, पण तुझी कल्पनाशक्ती जरा आवर!''

''तू गप रे, आपण तिघेही आपली स्वप्नं एकमेकांना ऐकवू या. त्याच्यावर एक सिरीयल करू. या डिटेक्टिव्ह एजन्सीचं काही खरं नाही, त्याऐवजी आपण कार्यक्रम निर्मितीत शिरू. शाबा... नाही शाबास मल्टीमिडीया कॉर्पोरेशन! रवीबाला तुझं नाव बदलून 'स'ने सुरू होणारे नाव घे. तूच आपल्या प्रॉडक्शनमध्ये नायिकेची कामं करायची. 'शाबास मल्टीमिडिया' अशी पाटीच लावतो उद्या.'' शाम्या बोलत होता.

''पण तिचं नाव बदलायचा तुला अधिकारच काय?'' मी म्हणालो. यावर शाम्याच रवीबालाच्या आधी लाजला. पुढचं काही सांगायला हवंच का?

नरो वा कुंजरो वा

प्रा. डॉ. मुळ्यांचा सकाळी सकाळी निरोप आला, तेव्हा ही काहीतरी भानगड असणार, हे सिन्हांच्या लक्षात यायला वेळ लागला नाही. मुळे आणि सिन्हा हे मित्र होते. एका समारंभात सुमारे तीस वर्षांपूर्वी त्यांची ओळख झाली होती. त्यावेळी मुळे – सॉरी, मुळ्ये हे प्रा.ही नव्हते आणि डॉ.ही नव्हते. सिन्हा मात्र त्यावेळी प्रा. होते. पण डॉ. नव्हते. दोघं एकमेकांना भेटत राहिले. मैत्री जुळली. ती 'अरे, तुरे,'च्या पातळीवर आली. कारण दोघांनाही चांगल्या मद्यात रस होता किंवा चांगल्या मद्यरसाची गोडी होती असं म्हणू. शिवाय सिन्हांना मासळी प्रिय होती आणि कुणाला तरी ती खाऊ घालणे याचीही त्यांना आवड होती. मुळ्यांच्या घरी मद्य आणि मांस म्हणजे अपेयपान आणि अभक्ष्यभक्षण अगदी 'अब्रह्मण्यम्' मानलं जात असे, त्यामुळं मुळ्यांना सिन्हांची मैत्री ही अचानक लागलेली लॉटरी वाटत होती. मुळ्यांच्या बुद्धिमत्तेबद्दल आणि संशोधनासंबंधी सिन्हांना आदर वाटत असेच. पण इतका बुद्धिमान माणूस किती अव्यवहारी असू शकतो ह्याचं उत्कृष्ट उदाहरण म्हणजे मुळ्ये, असं सिन्हा मानत असत. ते हौशी मानसशास्त्रज्ञ होते. मानवी वर्तणुकीचा अभ्यास, हा त्यांचा फावल्या वेळेचा छंद होता. ह्यामुळं ह्या परस्परपूरकतेचा दोघांच्या मैत्री वाढण्याला तसा फायदाच झाला होता. ज्ञान गोळा करणे, हा सिन्हांचा आणखी एक छंद होता. त्यामुळंही मुळ्यांच्या संशोधनात त्यांना रस असे... डॉ. मुळ्यांना त्यांनी रात्री जेवायला बोलावलं होतं. मुळ्ये काय सांगतात हे ऐकायची त्यांना तशी उत्सुकता होतीच. ह्याचे कारण प्राध्यापकीचा कंटाळा आल्यानंतर माहितीप्रसारण व्यवसायात काही काळ नोकरी करून मग सिन्हांनी एक स्वतंत्र व्यवसाय सुरू केला होता. तो म्हणजे सल्ला देणे. कुठल्याही बाबतीत त्यांचा सल्ला मोलाचा ठरतो, ह्याची लोकांना जाणीव झाल्यावर ते चक्क 'धंदेवाईक सल्लागार' बनले होते. त्यांनी नोकरी सोडून हा स्वतंत्र व्यवसाय सुरू केला त्याला

आता बरीच वर्षे झाली होती. सल्ला मागायला येणाऱ्याबद्दल आणि त्यानं विचारलेल्या सल्ल्याबद्दल ते अतिशय गुप्तता बाळगीत असत. जर एखादी व्यक्ती अवैध कृत्याबद्दल सल्ला मागायचा प्रयत्न करू लागली तर ही बाब मला कायद्याच्या रक्षकांच्या कानावर घालायची परवानगी हवी असं ते स्पष्टपणे सांगत हे खरं, पण जर एखाद्या व्यक्तीवर अन्याय झाला असेल तर त्या व्यक्तीस त्या अन्यायाचं निवारण करायला ते मदत करीत. अशा वेळी काही वेळा अवैध कृत्य करावे लागणार असेल तर ते त्या व्यक्तीस आधीच त्या अवैधतेची कल्पना देत आणि अशा तऱ्हेची शक्यता असेलच, तर त्या कृत्याच्या जबाबदारीची धनी ती व्यक्ती असेल हेही स्पष्ट करीत.

'हा असा मार्ग आहे, तो अवैध आहे. त्या मार्गानं जायचं की नाही ते तुमचं तुम्ही ठरवा आणि तो मार्ग अनुसरा. त्या कृत्याशी माझा काही संबंध असणार नाही.' हे त्यांचं निरोपाचं भाषण असे. मुळ्यांनी मात्र त्यांच्यावर असा प्रसंग कधीही आणलेला नव्हता, हेही इथं स्पष्ट करणं भाग आहे. अचानकपणे मुळ्यांचा असा फोन येणं, हेही आता नवीन राहिलेलं नव्हतं. काहीवेळा परदेशवारीहून परतताना मुळ्ये एखादं उंची मद्य घेऊन येत असत. काही वेळा काही चांगली पुस्तकं ते सिन्हांसाठी आणीत असत. काही वेळा मात्र काही प्रश्न घेऊन येत. त्या प्रश्नांच्या उत्तरासाठी सिन्हांना मग आपली बुद्धी पणास लावावी लागत असे. मुळ्यांच्या सुरावरून आजची भेट कशाची, हा विचार मनातल्या मनात खेळविणं आणि मनातच त्यांचं उत्तर बरोबर आलं की स्वतःचीच पाठ मनोमन थोपटून घेणं, हा सिन्हांचा आवडता छंद बनला होता; पण आज हा आनंद त्यांना मिळू द्यायचा नाही, असं मुळ्यांनी ठरवलं होतं. व्हिडिओ संपर्कव्यवस्थेमुळं तसा हा खेळ कमी गमतीशीर बनला होता; पण आज संपर्क प्रस्थापित होताच, "साला, वांधा झालाय. सिन्हा, वेळ काढ माझ्यासाठी!'' असं मुळ्ये म्हणाले होते. सिन्हांनी संध्याकाळ नक्की केली होती. त्यांनाही बुद्धीला वंगण घालवंसं वाटत होतं. मुळ्यांचं काम असलं की ते वेस्ट इंडियन रम किंवा स्कॉचची बाटली घेऊन यायचे. मग मेंदूवरचा गंज त्यात विरघळला की सिन्हांचं डोकं भरभर चालायचं. ह्याचा अर्थ इतर वेळी ते चालत नव्हतं, असा मात्र नाही.

मुळ्यांचा वांधा होणं ह्यात नवीन काही नव्हतं. किंबहुना हे सर्व वांधे त्यांनीच ओढवून घेतलेले असत. त्यांचं संशोधनच त्याला कारणीभूत होतं. जीवतंत्रज्ञान ह्या विषयातले ते तज्ज्ञ होते. मानवी क्लोनिंगचे ते पुरस्कर्ते होते. त्यांनी ह्या बाबतीत खूपच प्राविण्य मिळवलं. किंबहुना, संपादलं त्यांच्या आर्थिक सुबत्तेचा पायाच मुळी मानवी क्लोनिंग हा होता. त्यांचे एक महाविद्यालयीन मित्र होते. ते खूप-खूप म्हणजे अफाट श्रीमंत होते. अशा अफाट श्रीमंतांचं वागणंही अचाटच असतं. तसंच ह्या

मित्राचं वागणं होतं. त्यानं मुळ्यांना उच्च शिक्षणाचे वेळी खूप आर्थिक मदत केलेली होती. त्या बदल्यात – बदल्यात म्हणता येणार नाही – त्यांनी केलेली विनंती असल्यामुळं मुळ्ये ती नाकारू शकले नव्हते. त्या विनंतीनुसार एका विश्वसुंदरीचा क्लोन मुळ्यांनी तयार केला होता. ती हकिकत सांगायची ही जागा नाही; पण मुळ्ये मानवी क्लोन करतात, ही बातमी काही वर्तुळात पसरली होती हे खरं. त्यांचे बहुतेक वांधे हे अशा क्लोनिंग प्रकरणातलेच होते.

संध्याकाळी ठरल्या वेळी मुळ्ये सिन्हांच्या बंगल्यावर दाखल झाले. अशा वेळी येताना ते मद्याचा भरपूर साठा आणणार हे गृहीत धरलेलं असे, त्याप्रमाणंच त्यांनी उत्कृष्ट स्कॉचची एक बाटली आणली होती. ती ब्लेंडेड स्कॉच नव्हती तर शुद्ध स्कॉच होती. थेट स्कॉटलंडहून त्यांनी स्वत: आणलेली. ब्लेंडेड स्कॉचच्या अख्ख्या बाटलीत स्कॉचचा एक थेंब टाकला की ती ब्लेंडेड स्कॉच म्हणून विकता येते. प्रमाण कधीच त्या बाटलीवर लिहिलं जात नसतं. मुळ्ये काहीतरी असं आणणार म्हणून सिन्हांनी बाकी सर्व तयारी केली होती. खुर्च्या टेरेसवर मांडल्या होत्या. मुळ्यांनी स्कॉचची बाटली आणावी, यात नवीन असं काहीच नव्हतं. त्यांनी जी दुसरी चीज बरोबर आणली होती ती पाहून मात्र सिन्हा थक्कच झाले होते.

सिन्हांच्या सल्लामसलतीच्या धंद्यात त्यांना अनेक विक्षिप्त अनुभव येत. तरीही ह्या अनुभवानं बावरल्याचा चकित भाव त्यांच्या चेहऱ्यावर क्वचितच दिसे. 'पोकर फेस' म्हणजे काय ते कळवून घ्यायचं असेल तर प्रचंड धक्कादायक बातमी ऐकून चेहऱ्यावरची रेषादेखील हलू न देणाऱ्या सिन्हांचा चेहरा, अशी एक व्याख्या आपण करू शकतो. 'सुखदु:खे समे कृत्वा, लाभलाभौ जया जयौ!' हा गीतेतला उपदेश सिन्हांनी पूर्णत्वानं पचवला होता असंही आपण म्हणू शकतो. तरीही काही अनपेक्षित प्रसंगी सिन्हांचा समतोल थोडा का होईना, डळमळीत होत असे. त्यांच्या जवळच्या मंडळींनासुद्धा असे डळमळीत सिन्हा क्वचितच बघायला मिळत असत, पण जरी सिन्हांच्या चेहऱ्यावरचे भाव बदलले नाहीत तरी अशा प्रसंगी त्यांचे डोळे बारीक होत. क्षणभरात ते सावरले की मगच ते डोळे मोठे होत, पूर्ण उघडत. आज त्यांचे डोळे असे किलकिले झाले. त्याबरोबर त्यांच्या डोळ्यांच्या मधोमध एक आठीही उमटली आणि नाहीशी झाली. मुळ्ये हसले.

"हे सिन्हा, ह्या मिस देवी–" त्यांनी ओळख करून दिली.

ती स्त्री चाळिशी उलटली तरीही अप्रतिम सौंदर्याचा आदर्श नमुना होती. चेहरा परिचित होता, तरीही ती कोण, हा प्रश्न उद्भवणार तेवढ्यात मुळ्यांनी ओळख करून दिली होती. एके काळची जगातली सर्वांत सुंदर ठरलेली स्त्री आणि तिच्या सौंदर्याच्या आणि अभिनयाच्या जोरावर कित्येक चित्रपट तारून नेणारी देवी सिन्हांना आठवली. सिन्हा काही चित्रपटशौकिन नव्हते. तिशीनंतरच्या काळात त्यांनी हाताच्या

बोटावर मोजण्याइतके चित्रपट बघितले होते. दूरचित्रवाणीचंही त्यांना तसं वावडंच होतं. तरीही देवी त्यांना परिचित होती. त्यांच्या पत्नीची ती आवडती अभिनेत्री होती, सिन्हांनी उठून तिला खुर्ची दिली. मग आत जाऊन एका खुर्चीसह ते सपत्नीक परतले. त्या दोघींच्या थोड्या गप्पा झाल्या. मग मिसेस सिन्हा आत गेल्या. देवी तिच्यासाठी ठेवलेल्या खुर्चीवर बसली.

"तुम्ही चित्रपटात काम करू लागलात तेव्हा माझं लग्न झालेलं होतं. तुम्ही इतक्या उशिरा का होईना, माझ्याकडे येणार याची कल्पना असती, तर मी लग्नाचा थांबलो असतो. मुळ्या, लेका, ह्यांची नि तुझी ओळख आहे. तू शब्दानं काही बोलला नाहीस."

"प्रोफेशनल एथिक्स. तसं सांगितलं असतं तर ह्यांची आणि माझी ओळख कशी हे तू विचारलं असतंस, मी त्यांना ते कुणालाही सांगणार नाही असं वचन दिलं होतं. माझा शब्द पाळणं आवश्यक होतंच; शिवाय डॉक्टर आणि रुग्ण ह्यांच्या नात्यात गुप्तता अध्याहृत नसते का?"

"तू ह्यांचाही क्लोन बनवलास तर?"

"बघ, देवी, मी म्हटलं नव्हतं? मी तिची क्लोन बनवली, बनवला नाही!"

"मग आता अडचण कसली?" सिन्हांनी विचारलं.

"देवीच सांगेल. दरम्यान तू बाटली उघडायची विसरलास. तिकडं लक्ष दे!"

"देवीदर्शनाचा परिणाम!" सिन्हा म्हणाले.

"मिस्टर सिन्हा, तुम्ही स्पष्टवक्ते आहात असं डॉक्टर म्हणाले होते, पण स्पष्टवक्तेपणा करूनही तुम्ही एखाद्या व्यक्तीची स्तुती करू शकता, हे मला त्यांनी सांगितलं नव्हतं. तुमच्याइतकी मनमोकळी माणसं मला भेटली असती तर मी अविवाहित राहिले नसते." देवी परिचय करून दिल्यानंतर प्रथमच बोलली. सिन्हांनी ग्लास भरले.

"चिअर्स! माझ्या आयुष्यातील एका उत्कृष्ट संध्येला!" सिन्हांनी ग्लास उंचावला, "आणि मला 'सिन्हा'च म्हणा, गुरू म्हटलंत तरी चालेल; पण मिस्टर नको."

प्राथमिक मद्यपान आणि भोजन असं हलक्याफुलक्या वातावरणात पार पडलं. सौ. सिन्हा जेवायला होत्या. मात्र जेवण होताच त्यांनी रजा घेतली. देवीनं त्यांना आवराआवर करायला थोडी मदत केली. सौ. सिन्हांनी मुळ्ये आणि देवीचा निरोप घेतला.

त्यांना अशा निरोपांची सवय होती. सिन्हांचा सल्ला बरेचदा असा रात्रीच घेतला जात होता. तोही बहुधा कुठं तरी घराबाहेर. डॉ. मुळ्ये आज घरीच येतो

म्हणाल्यामुळं हे घरचं जेवण पार पडलं होतं. देवी ही एकेकाळी सौ. सिन्हांचं दैवत होती, ह्याची मुळ्यांना कल्पना होती.

"हं, आता कामाचं बोला!'' सिन्हा म्हणाले.

"सुमार वीस वर्षांपूर्वी देवी माइ्याकडं आली. तिला तिची क्लोन हवी होती.'' मुळ्ये म्हणाले. मग त्यांनी देवीकडे बघितलं आणि आता पुढचं तू बोल, अशा अर्थानं मान हलवली किंवा कदाचित आधीच कसं नि काय बोलायचं हे ते ठरवून आले असावेत, मग देवी बोलू लागली. "तेव्हा मी नुकतीच 'मिस वर्ल्ड' बनले होते. मला चित्रपटात काम करण्यासंबंधी लोक भेटू लागले होते.''

"माझे वडील तेव्हा सर्व व्यवहार पाहत असत. माझा पहिला चित्रपट पडद्यावर आला नि चांगलाच गाजला. त्या सुमारास एक माणूस मला भेटायला आला. मी चित्रपटांचे केलेले काही करार रद्द करावेत आणि आपण सांगत असलेल्या मंडळींशी मी करार करावेत असं त्याचं म्हणणं होतं.

"दिसायलाच नव्हे तर बोलण्या-वागण्यात अतिशय सभ्य, मृदू आणि नम्र असा तो माणूस म्हणाला, 'देवीजी, मी तुमच्या वडिलांना भेटलोय. ते ऐकायला तयार नाहीत, म्हणून तुम्हाला भेटायला आलोय. तुमच्या हितासाठीच मी बोलतोय. आमचा सल्ला जे मनावर घेत नाहीत त्यांना नंतर पस्तावायलाही वेळ मिळत नाही.'

'तसं असेल तर मग मी चित्रपटांमधून माझी निवृत्ती घोषित करते.' असं मी ह्यावर म्हणाले. 'मला तुमच्या धमक्या कळतात. मी त्यांना दबणार नाही,' असंही मी त्याला सांगितलं.

'ह्या धमक्या, नाहीत, देवीजी हे वास्तव आहे. समजा, योगायोगानं तुमच्या वडिलांना अपघात झाला किंवा एखाद्या माथेफिरूनं तुमच्या चेह‍या‍वर ऑसिड फवारलं, तर ते मलासुद्धा आवडणार नाही. महिनाभर विचार करा. मग काय ते उत्तर द्या.' असं म्हणून तो माणूस निघून गेला.'' देवी बोलायची थांबली. तोच धागा पकडून मुळ्ये बोलू लागले.

"त्या वेळी देवी माइ्याकडं आली. खरं तर जर कुणी तिच्या चेह‍याव‍र ऑसिड फेकलं तर कृत्रिम त्वचेच्या साहाय्यानं तिचा चेहरा पूर्ववत करता येईल का, असं विचारायला ती माइ्याकडं आली होती. पण त्या वेळी मी क्लोनिंगच्या प्रभावाखाली होतो. त्यामुळं मी तिला क्लोनिंगचीही माहिती दिली. बीजपेशींपासून त्वचा तयार करायची तर त्याला कृत्रिम त्वचा म्हणण्यात अर्थ नाही, असं मी तिला सांगत होतो. त्याच वेळी माइ्या एका मदतनिसानं एक शंका विचारायला यावं, हा एक विचित्र योगायोग म्हणावा लागेल. पण त्यातून क्लोनिंगचा विषय निघाला. तेव्हा मग देवीची क्लोन तयार करावी असं ठरवलं. पैशांचा प्रश्न नव्हता. खरं सांगू, त्या वेळी ती जे म्हणाली असती ते मी करायला तयार झालो असतो. तिच्या सौंदर्यानं

मी मोहून गेलो होतो.''

"पण मी सगळा खर्च आणि वर त्यांची दक्षिणाही त्यांना दिली, बरं का!'' देवी म्हणाली.

"त्यांना नुसती दक्षिणा नको होती. वरदक्षिणा हवी होती.'' सिन्हा हसत म्हणाले.

"ती तर सर्वच पुरुषांना हवी असे आणि मघाशी तुम्ही बोललात त्यावरून ती बऱ्याच जणांना अजूनही चालू शकेल, असं वाटतंय!'' देवीनं हसतच टोला लगावला.

"बरं झालं आता बोललात. मघाशी ती इथं असताना हे बोलला असतात तर माझं काही खरं नव्हतं.'' सिन्हांनी प्रतिटोला हाणला.

"पण त्यात प्रश्न कुठं निर्माण झाला?''

"सांगतो! ती मुलगी मी वाढवली. तिचं नाव देवी ज्युनियर असं ठेवलं. ही देवी पाच वर्षांपूर्वीपर्यंत नायिकेची कामं करत होती. आता निर्मिते त्या देवीला पडद्यावर आणायचं म्हणतात. आणि ते ह्या देवीला मान्य नाही.'' मुळे म्हणाले.

"का बरं? चित्रपटसृष्टी आता पूर्वीसारखी राहिलेली नाही. जमानाही बदललाय.'' सिन्हा म्हणाले.

"तुम्हाला हे कसं सांगावं, तेच मला कळत नाही. ज्या नायकांबरोबर मी पूर्वी काम केलीत, ते अजूनही नायकांची कामं करताहेत. त्यांच्याबरोबर ह्या देवीला काम करताना पाहणं मला शक्य होणार नाही. त्यातले काही जण तेव्हा माझ्या मागं लागले होते. आम्ही तेव्हा पंचविशीतही नव्हतो. एकदोघांनी गैरफायदा घ्यायचाही प्रयत्न केलेला होता. त्यांच्याबरोबर देवी ज्युनियर काम करणार हे मला सहन होणार नाही.''

"विशेषत: ज्यांनी तुमच्याकडं दुर्लक्ष केलं होतं, त्यांच्याबरोबर, असंच ना?'' सिन्हांनी विचारलं. देवीनं मान खाली झुकवली.

"तसं म्हणा! मला त्यांचा सहवास आवडत होता. पडद्यावरच्या कुठल्याच भावना खासगीत त्यांच्या वागण्यात नव्हत्या. त्यांना मी नको होते. एकाला मी सुंदर वाटत नव्हते तर दुसऱ्याला मी बटबटीत वाटत होते. पडद्यावर आम्ही यशस्वी जोडी म्हणून गाजत होतो. खासगीत ते मला तुच्छतेनंच वागवत होते. भावनिक कमजोरीचा फायदा घेऊन त्यांनी मला नमवलं होतं. त्यांच्या चित्रपटात मी काम करायसाठी बरेच कमी पैसे घेत असे. ह्याचा ते फायदा घेत. देवीला कमी पैशात काम करायला लावत; पण आणखी एक सहनायिका हवी, असं मान्य करून त्या पोरीसोबत ते मुद्दाम फावला वेळ घालवत. आता त्यांचा उतार सुरू झालाय. तेव्हा ढासळत्या लोकप्रियतेला टेकू मिळावा म्हणून त्यांना ही देवी ज्युनियर हवीय.''

''पण ते तर सर्वच करतात. नव्यानं आलेल्या तरुण लोकप्रिय नटांबरोबर नट्या काम करतातच की!''

''ह्यांचा डाव वेगळाच आहे. त्यांना आमच्याच, त्या काळात लोकप्रिय झालेल्या चित्रपटांच्या नव्या आवृत्त्या काढायच्या आहेत. त्या अर्थात काळानुरूप थोडा बदल घडवून पडद्यावर येतील आणि त्यात देवी ज्युनियर ही मूळ देवीपेक्षा चांगली अभिनेत्री आहे, असं सिद्ध होतं, असा प्रचार करायचाय. एक जुना प्रसिद्धी-प्रमुख मला भेटला. त्यानंच जुन्या ओळखीशी इमान राखून हे मला सांगितलं.''

''यात मी काय सल्ला देणार? मला चित्रपटसृष्टीची काहीच कल्पना नाही!''

''पण तुला मानवी स्वभावाची तर जाण आहे. देवी ज्युनियरला आम्ही काही सांगू शकत नाही. क्लोनिंग अजूनही बेकायदेशीर आहे. आपण देवीची अनौरस संतती आहोत, अशी ज्युनियरची कल्पना आहे. मी तिचा सांभाळ केला ह्याबद्दल ती कृतज्ञ आहे, पण तिच्या मनात देवीचा सूड घ्यायची आग धगधगते आहे. ती देवीची औरस मुलगी असती तरी तिला सांभाळणं देवीला शक्य झालं नसतं, हे मी तिला सांगतो तेव्हा ती ते ऐकून घेते ते फक्त माझा मान राखण्यासाठी. पण तिच्या मनातला राग तिच्या डोळ्यांतून स्पष्ट होतो.''

''सिन्हासाहेब, यातून मला दोन मार्ग दिसतात. एक म्हणजे तिला मारणं आणि दुसरा म्हणजे मी माझी जीवनयात्रा संपवणं. माझ्या कलेचा अपमान माझ्याच हातनं – शेवटी ती म्हणजे मीच की – घडवून आणणं मला सहन होणार नाही.''

''तांत्रिकदृष्ट्या तिची नोंद जन्ममृत्यू नोंदणी कार्यालयात झाली आहे. तिचा जीव घेणं हा खून ठरेल. तसं नसतं तरी तिचा जीव घेणं योग्यच नाही. शिवाय जरी माझं लग्न झालं असलं तरी एखादी सुंदर स्त्री आत्महत्या करते, हे मला सहन होणार नाही. कुणीच आत्महत्या करणं, मला मान्य नाही!'

''सिन्हा, लेका जरा गंभीर हो! देवी काय सांगत्ये ते तुझ्या लक्षात आलं का?''

''होय! आत्महत्या करायचा एक मार्ग आहे. महाभारतात श्रीकृष्णानं तो अर्जुनाला सांगितला. अपमान हा मृत्यू, पराभव हा मृत्यू पण इथे मला ह्या मार्गानं दुसऱ्याची आत्महत्या घडवायचीय. मला यांच्या तरुणपणातली फिल्मी मासिकं मिळवून दे. मग मी काय करायचं ते सांगतो''

''तुम्हाला नक्की काय हवंय ते सांगा!'' देवी म्हणाली.

''तुम्ही ज्या दोघांची नावं घेतलीत त्यांच्या भानगडींची माहिती. त्या गॉसिपमध्ये नावं नसणार हे खरं; पण अशा ठिकाणी जी वर्णनं असतात त्यावरून योग्य तो तर्क करायला लावणं अवघड नसतं.''

''त्यासाठी मासिकं कशाला हवीत? मी सांगतो ना! त्या खानावर तर

बलात्काराचा आरोप होता. त्यातनं तो सुटला. बरीच मिटवामिटवी झाली. त्याच्या नावासह त्या बातम्या आल्या होत्या. त्या गुंडाबद्दल म्हणजे तो दुसरा, त्याच्या तर अनेक हकिकती आहेत, पण त्यांना अधिकृत प्रसिद्धी नाही; पण गॉसिप आहेतच.''

''तुमच्या क्लोनिंगच्या आसपास यातल्या काही घटना?'' सिन्हांनी विचारलं. ''खानानंच माझ्याकडं गँगस्टर पाठवला असावा, असा संशय आहे. त्याच्या आधी त्याची एक भानगड होतीच. पण त्या बलात्काराच्या प्रकरणाच्या वेळीच मला धमक्या आल्या होत्या. गुंडाबद्दल म्हणाल तर त्याच्याबद्दल नेहमीच काही ना काही येतंय!''

''मुळ्या, ज्युनियरच्या जन्माच्या आधी ८ ते १० महिने अशा घडलेल्या घटना तिला वाचायला किंवा इंटरनेटवर पाहायला दे. ह्या दोघांबरोबर तू काम करणार आहेस, त्यातला एकजण तुला पित्यासमान आहे, हे तिच्या मनावर ठसव. सरळ सरळ उत्तर देण्याचं टाळ. देवीनं तुला प्रत्यक्ष काहीच सांगितलेलं नसलं, तरी तिच्या जन्माला ह्या दोघांपैकी एकजण कारणीभूत असावा, असं तुला वाटतंय, हे तिला भासव. त्या नराधमांमुळे देवी इच्छा असूनसुद्धा तिचा सांभाळ करू शकली नव्हती, पण तिच्या संगोपनाचा सर्व खर्च देवीनं केलाय, हे तिच्या मनावर ठसव. जर ज्युनियरच्या अस्तित्वाचा पत्ता लागला असता तर त्या गँगस्टरनी ज्युनियरला पळवून देवीवर दबाव आणला असता, हे तर तिला नक्कीच पटेल. मग तिला सांग, अशा चित्रपटसृष्टीत तू जावंस असं मला वाटत नाही. तेवढ्यातूनही जायचं असेल तर तुझी तू मोकळी आहेस! मग बघा काय होतं ते!''

''अरे पण हे खरं नाही!''

''काय खरं नाही? देवीनं तिच्या संगोपनासाठी पैसे खर्च केले हे खरं नाही की त्यांनी काही स्त्रियांच्या असाहाय्यतेचा फायदा घेतला, हे खरं नाही? तो बलात्काराच्या खटल्यातून सुटला हे जगजाहीर आहे, त्याचबरोबर साक्षीदार कसे नि का फुटले हेही सर्वज्ञात आहे. तिच्या पितृत्वाची जबाबदारी घ्यायला कुणी पुढं आलं नाही, हेही खरं आहे आणि ज्युनियरच्या अस्तित्त्वाचा पत्ता लागला तर देवीला त्यांनी ब्लॅकमेल केलं असतं, यातही काही खोटं नाही. यावरून तिनं काय ते तर्क करावेत.''

''तिनं मला विचारलं, की खरंच ह्या दोघांतला तिचा बाप कोण, तर?''

''ते देवीनं तुला सांगितलंय? मग तू सरळ सांग, तिनं मला सांगितलं नाही म्हणून. महाभारत वाचलंस ना? ते वाचूनही तुला व्यवहार कळत नसेल तर आश्चर्य आहे.''

''यात महाभारताचा संबंध येतोय कुठं?''

''भीमानं अश्वत्थामा नावाचा हत्ती मारला. मग सर्व सैन्यात हाकाटी उठली.

'अश्वत्थामा मेला, अश्वत्थामा मेला' हे ऐकून द्रोणाचार्यांनी शस्त्रं खाली ठेवली. धर्मराज मोठ्यानं म्हणाला 'अश्वत्थामा मेला' मग स्वत:शीच पुटपुटला 'नरो वा कुंजरो वा' म्हणजे 'अश्वत्थामा माणूस की हत्ती' ते मात्र ठाऊक नाही. तुला तेच करायचंय. तुझा बाप कोण ते मला माहीत नाही, हे तर तू अगदी खरंच सांगणार आहेस. कारण तिला बापच नाही.'' ह्या सिन्हांच्या वक्तव्यावर मुळ्ये काही बोलणार असावेत; पण देवीनं त्यांच्याकडं नजरेनंच याचना केली. मुळ्ये हे काम फत्ते करणार हे त्या क्षणीच नक्की झालं.

सहा महिन्यांनी देवीच्या घरी ते जमले होते. देवी ज्युनियरला निरोप देऊन ते विमानतळावरून थेट देवीच्या घरीच गेले होते. देवी ज्युनियर एका संगणक अभियंत्याशी विवाह करून अमेरिकेला गेली होती. गेले काही महिने ती देवीकडंच राहत होती. ते देवीच्या फ्लॅटमध्ये बसले होते. मद्याचे चषक भरले गेले.

मुळ्ये म्हणाले, ''ती अमेरिकेला गेली. सुटली. आणि आम्हीही सुटलो. पण काय रे सिन्हा, ती जर थांबली असती, तिनं त्या दोघांवर सूड घ्यायचा निश्चय केला असता आणि चित्रपट सृष्टीत गेली असती तर?''

''तर तू तिला माझ्याकडं घेऊन आला असतास. मी काही तरी नवी युक्ती शोधली असती. पण तसं घडणार नाही याची मला खात्री होती. खाण तशी माती. इथं तर तिची जननिक जडणघडण अगदी देवीसारखीच होती आणि आहे. त्यामुळे तिच्या वागण्याचा ढाचा हा देवीसारखाच असणार. देवीचा स्वभाव सूड घेणाऱ्यांपैकी नाही, तसा असता तर तिनं त्या दोघांचा काटा काढायचा विचार केला असता. आत्महत्येचा नाही. त्यामुळंच ज्युनियर ही चित्रपटसृष्टीत न जाण्याचा निश्चय करील अशी मला खात्री वाटत होती. ज्याचा शेवट गोड ते सारंच गोड!'' असं म्हणून त्यांनी ग्लास उंचावले. ''चीअर्स! अश्वत्थाम्याच्या स्मृतीसाठी!'' ते म्हणाले. तिघंही हसले आणि त्यांनी आपापले प्याले ओठांजवळ नेले.

व्यथा

तो बराच वेळ विचार करीत होता. खरं तर त्यात विचार करण्यासारखं काय होतं? त्यानं तिला बघितली होती. त्याला ती आवडली होती. तिला तो आवडला होता का, हे त्याला ठाऊक नव्हतं. ते माहिती करून घेणं खरं तर त्याच्या दृष्टीनं अवघड नव्हतं. तो तर त्या विषयातला म्हणजे माहिती काढून घेण्याच्या तंत्रातील तज्ज्ञ होता. किंबहुना तोच त्याच्या पोटापाण्याचा व्यवसाय होता. लोकांच्या मनात नक्की काय चाललंय हे ओळखायची अनेक तंत्रं त्याला अवगत होती. त्यासाठी वापरायची वेगवेगळ्या प्रकारची यंत्रं त्याच्या संग्रही होती. अनेक रसायनांच्या साहाय्याने तो माणसाला मोकळेपणानं खरं बोलायला लावू शकत होता. ज्या गोष्टी माणूस स्वत:जवळ कबूल करायला लाजेल, अशा गोष्टी ह्या रसायनांच्या सेवनानंतर माणसं पटापटा बोलू लागत. नंतर आपण असं काही बोललो होतो, हे त्यांना विसरायला लावणारी रसायनं, उपकरणं तसंच संमोहनविद्या, ह्यांचा उपयोग तो करू शकत होता. तो त्याच्या रोजच्या कामाचा एक भाग होता; पण.......

स्वत:चं खाजगी आयुष्य आणि धंदेवाईक आयुष्य ह्यांची गल्लत करायची नाही, हा निर्णय त्यानं ह्या व्यवसायात शिरतानाच घेतला होता. त्यानं जेव्हा मानसोपचार तज्ज्ञ बनायचं ठरवलं तेव्हा आपल्यावर नजर ठेवण्यात येईल ह्याची त्याला कल्पनाच नव्हती. जगाच्या एका दुर्लक्षित कोपऱ्यात त्याचा जन्म झाला होता. तो शाळेत असतानाच 'हे पाणी काही वेगळंच आहे' असं त्याचे शिक्षक म्हणत असत. त्या शिक्षकांपैकी एकाला त्या पंचक्रोशीतील अशी वेगळी मुलं शोधून त्यांची माहिती शासनाला पुरविण्यासाठी वेगळे पैसे मिळत होते. तोपर्यंत त्यानं ज्यांची माहिती पुरवली होती, ती मुलं सामान्य मुलांपेक्षा थोडी वरच्या दर्जाची होती; पण असामान्यांत त्यांचा दर्जा फार वरचा नव्हता. त्यांना शासनानं उच्च शिक्षण दिलं होतं हे खरं, पण प्रशासकीय पातळीवर ते सर्व आता कुठं तरी

सुखासमाधानानं जगत असावेत. त्यांचं असामान्यत्व तसं सामान्य दर्जाचं होतं. ह्याच्या बाबतीत मात्र तसं घडलं नव्हतं. ह्याचा शोध लावल्यावर त्या शिक्षकाचा शासनानं खास गौरव केला होता, इतकं ह्याचं असामान्यत्व असामान्य होतं. त्या शिक्षकासारखे शोधक शासनानं नेमलेले नसते, तरी हा चमकला असताच. हिराच तो, त्याचं तेज लपून राहणं अवघड होतं.

त्याचं शालेय शिक्षण पूर्ण झालं. महाविद्यालयीन शिक्षणासाठी त्याला आर्थिक साहाय्याची आवश्यकता होती. तो काय करावं ह्याचा विचार करीत असतानाच 'कमवा आणि शिका' योजनेखाली एक जाहिरात त्याच्या नजरेस पडली. त्यानं अर्ज केला (ती जाहिरात केवळ त्याच्यासाठीच आहे, हे त्याला कळलं नव्हतं.) त्याची निवड होण्यात काही अडचणी आल्या. (त्या मुद्दामच आणवण्यात आल्या होत्या.) काही सज्जन व्यक्तींनी त्या अडचणी निवारण्यात त्याला मदत केली होती. आजही तो त्यांच्या ऋणात होता. आपलं शिक्षण त्यांच्या मदतीमुळे शक्य झालं, असं मानत होता. त्याच्यासारख्याच एका प्रज्ञावंतानं दोन शतकांपूर्वी ही पद्धत निर्माण केली होती. भरकटलेले, अन्यायाविरुद्ध पेटून उठलेले प्रज्ञावंत एखाद्या शासनाची बसलेली घडी उलथून पाडू शकतात ह्याची त्या मूळ प्रज्ञावंताला कल्पना होती. मुळात त्यानंच एक नव्हे तर दोन-चार ग्रहांच्या शासनांची उलथापालथ करून हे जागतिक साम्राज्य निर्माण केलेलं होतं. त्यामुळेच तर त्यानं ही एक वेगळीच व्यवस्था निर्माण केलेली होती. कुठल्याही प्रज्ञावंतानं असंतुष्ट राहू नये, अशी त्या शासनव्यवस्थेत सोय होती. बाकीची रोजची वेळखाऊ आणि हुशार माणसांना कंटाळवाणी वाटणारी कामं करायला जनसामान्यांची नेमणूक होती. संगणकजालाची देखरेख, नव्या संगणकांची निर्मिती, अन्ननिर्मिती, अन्नवाटप, करमणूक व्यवस्था, हे खरं संगणकांच्या साहाय्यानं करणं अवघड नव्हतं; पण मग मानवी हातांना काम उरलं नसतं. रिकामी मनं, रिकामे हात विध्वंसक बनू शकतात. नुसताच आराम मानवाला पटू शकत नाही. अशा वेळी त्याची करमणूक अधिकाधिक हिंस्र बनत जाते, हा अनुभव पुरातन होता. विकृतींच्या मागं लागलेला मानव मग स्वभक्षी बनू शकत होता. अशा आत्मघातकी वर्तणुकीची अनेक उदाहरणं इतिहासात नमूद होती. त्यापेक्षा प्रत्येक माणसाला दमवेल एवढं काम उपलब्ध करून द्यायचं. मग त्याला करमणूक मिळवण्याचे काही अवघड मार्ग द्यायचे, साहसी वृत्तीच्या तरुणांना अवकाशात पाठवायचे, नव्या वसाहती करायला उद्युक्त झालेले हे तरुण मग नव्या ग्रहांवर सुखानं नांदायचे. त्याची फळं आता हळूहळू मानव जातीला मिळू लागली होती.

आता प्रज्ञावंतांपुढे नवनवे प्रश्न होते. सर्व प्रज्ञावंत सारखेच किंवा एकाच मार्गानं जाणारे नव्हते. कुठलाही प्रज्ञावंत हा वेडा असतो, असा एक सिद्धांत होता.

जनन अभियांत्रिकीमुळे आनुवंशिक दोष दूर केले गेले तेव्हा जे जीन आनुवंशिक दोष देतात त्यातलेच काही जीन प्रज्ञाही देतात असं दिसून आलं होतं. अजूनही निसर्गावर पूर्ण मात करणं मानवाला जमलेलं नव्हतं. अशा काळात हा आपला प्रज्ञावंत शिक्षण पूर्ण करायच्या बेतात होता. त्यानं शिक्षण पूर्ण झाल्यावर काही काळ त्याच्या प्रज्ञेचा फायदा शासनास द्यावा, ही शासनाची माफक अपेक्षा होती. ज्याअर्थी शासनानं त्याच्या शिक्षणाचा भार उचलला होता त्याअर्थी त्यानं काही अंशी त्याची परतफेड करायला हवी, हे त्यालाही मान्य होतंच. त्यामुळे तो शासकीय सेवेस तत्परतेनं तयार झाला होता. अखेरची परीक्षा झाली की तो सेवेस दाखल होणार होता.

इथं तर लक्षात ठेवायला हवं, की प्रज्ञावंत झाला तरी तो माणूसच होता. त्याच्या डोक्यात मानवी मेंदूच होता. त्या मानवी मेंदूमधून इतर मानवांच्या मेंदूतून जी रसायनं स्रवत असत तीच स्रवत होती. प्रमाणात फरक असेल, पण चेतापेशी इतर मानवांप्रमाणेच कार्यरत होत होत्या. गाल्टन नावाच्या एका शास्त्रज्ञानं एकोणिसाव्या शतकात 'युजेनिक्स' नावाचं एक शास्त्र निर्माण केलं. हे सुप्रजननशास्त्र तसं त्या काळात त्या लोकांना वावगं वाटलेलं नव्हतं. त्या सुप्रजननशास्त्रानुसार जर पिढ्यानुपिढ्या कुत्र्यांच्या योग्य जोड्या निवडून हव्या त्या गुणधर्माची, हव्या त्या आकाराची, हव्या त्या प्रकाराची कुत्री निर्माण केली गेली. शर्यतीचे अश्व निर्माण केले गेले, भरपूर अंडी देणाऱ्या कोंबड्यांची निर्मिती झाली, तर मग योग्य मानवी जोड्यांकडून पिढ्यान्पिढ्या विशिष्ट गुणधर्मासाठी प्रजनन केलं तर हवे तसे मानव निर्माण करणं सहज शक्य होईल. उंच, धिप्पाड, विजिगीषू वृत्तीचे सैनिक आणि खेळाडू, विशेष बुद्धिमत्ता नसलेले, पण बलदंड शरीराचे कष्टकरी मजूर आणि शेतकरी, बुद्धिमान शास्त्रज्ञ असे वेगवेगळे मानव तयार करण्याची शक्यता गाल्टननं वर्तवली होती. एकोणिसाव्या शतकात गाल्टनच्या ह्या लेखनानं फारशी खळबळही माजवली नाही किंवा त्या शक्यतेकडे फार गांभीर्यानं बघून कुणी तसे प्रयोगही केले नाहीत. फक्त त्या काळात अमेरिकेतल्या काही विद्वानांनी आफ्रिकी वंशाच्या नुकत्याच गुलामगिरीच्या जोखडातून मुक्त झालेल्या अमेरिकनांना तुच्छ ठरवायचा एक मार्ग म्हणून ह्या सुप्रजननशास्त्राचा काही काळ आश्रय घेतला होता.

ह्या कल्पनेला खरं उचलून धरलं ते जर्मनांनी. जर्मन तत्त्वज्ञ नित्शेनं महामानव आणि उपमानव अशा मानवी वर्गाची कल्पना केली. हे उपमानव जगण्याच्या लायकीचे नाहीत. जगले तरी त्यांना महामानवांच्या सुखसोयी देण्यात अर्थ नाही, कारण त्या सुखसोयी मिळवण्यासाठी जी लायकी लागते ती त्या उपमानवांकडे नाही, अशा तऱ्हेचे विचार नित्शेने मांडले. पहिल्या महायुध्दानंतर नित्शेच्या ह्या विचारांनी प्रभावित झालेला हिटलर जर्मनीचा सर्वेसर्वा झाला. त्याला आर्यांच्या

श्रेष्ठत्वाचा साक्षात्कार झाला. सरळ नाक, सोनेरी केस, निळे डोळे, गोरा तांबूस वर्ण असलेल्या लोकांनाच जगावर राज्य करण्याचा अधिकार आहे, असं तो म्हणे. त्यानं इतर उपमानवांना मारायचं ठरवलं. पृथ्वीवर हाहाकार माजला. त्यानं सुप्रजननशास्त्राचे प्रयोग केले. त्यामुळे कुणाचाच काहीच फायदा झालेला नव्हता. त्याच्या छळाला आणि विकृत विचारांना त्रासलेले बरेच ज्यू आणि इतरही शास्त्रज्ञ पळून अमेरिकेत गेले. त्यामुळे झाला तर अमेरिकेचाच फायदा झाला. ह्यानंतर सुप्रजननशास्त्र बदनाम झालं, ते कायमचंच.

विसाव्या शतकाच्या अखेरच्या काळात कुणीतरी चाणाक्ष माणसानं एक वीर्यपेढी काढली. त्या वीर्यपेढीमध्ये त्यानं नोबेल पुरस्कारविजेत्या शास्त्रज्ञांचं वीर्य उपलब्ध आहे, अशी जाहिरात केली. एकट्यानं राहून मूल वाढवायची इच्छा असलेल्या स्त्रियांना हे वीर्य उपलब्ध करून देण्यात येईल, असं त्या जाहिरातीत म्हणण्यात आलं होतं खरं; पण त्या वीर्याची किंमतही भक्कम होती. त्यातून कुणी नोबेल पुरस्कारविजेते निर्माण झाल्याचं कधी बाहेर आलं नसलं, तरी ह्या वीर्यपेढीमधून वीर्य मिळवून झालेल्या अपत्यसंभवातून एकविसाव्या शतकातले काही गाजलेले क्रूरकर्में, विकृत आणि पाशवी कृत्यांसाठी अमर झाले, अशी बोलवा आहे. ह्याला, म्हणजे नोबेल पारितोषिक मिळवलं नाही आणि क्रूरकर्में जन्मले ह्या दोन्ही घटनांना ठोस पुरावा नाही. नंतर पसरलेल्या ह्या अफवा असू शकतात.

एकविसाव्या शतकात एका नोबेल पुरस्कारविजेत्या स्त्रीनं तिच्याच विषयातल्या पण वेगळ्या शाखेत नोबेल पुरस्कार मिळवलेल्या एका पुरुषांशी काही काळ संबंध ठेवले. त्यांचा मुलगा पुढं एका बँकेत कारकून झाला. सचोटीनं जगला. त्याला आईकडून आणि वडिलांकडून वारसा हक्कानं बराच पैसा मिळताच तो पुढं चाळीस -पन्नास वर्षे निवृत्त जीवन जगला. बाविसाव्या शतकाच्या पूर्वार्धात कुठल्याही वैद्यकीय उपचारांना बळी न पडता नैसर्गिकरीत्या मरण पावला. त्या सुमारास जगाची काळजी वाहणारा प्रज्ञावंत जन्माला आला होता. माणूस सूर्याभोवती फिरणाऱ्या दोनचार ग्रहांवर पोहोचला होता. मंगळावर वसाहत झाली होती. चंद्रावर त्या आधीच माणसं राहू लागली होती. पृथ्वीची लोकसंख्या नियंत्रित करून पुन्हा एकदा ती एक अब्जावर आणण्यात आली होती. सूर्याची ग्रहमाला ओलांडून दूर अवकाशात जाण्याचे बेत सुरू झाले होते. त्यावेळी पुन्हा एकदा सुप्रजननशास्त्रानं डोकं वर काढलं होतं. तसं त्याआधी क्लोनिंग प्रकरणात स्वत:ला आदर्श महामानव समजणाऱ्या मंडळींनी स्वत:चे क्लोन निर्माण केले. त्यांना पश्चाताप करावा लागला. बरं, नंतर त्या क्लोनना नष्टही करता येईना. असून अडचण झाली, त्यापेक्षा नव्हते ते बरं म्हणायची पाळी आली. तो इतिहास आणखी गमतीशीर आहे, पण तो सांगायची ही जागा नव्हे.

दरम्यान आणखी एक घटना घडली. मानवी गुणसूत्रांवरील कुठल्या जीनमुळे कुठल्याही आनुवंशिक रोग किंवा व्याधी पुढच्या पिढीत जातात, हे बऱ्याच अंशी निश्चित झालं. त्यामुळे मतिमंद, रक्तगळ असलेली अशी बरीच प्रजा निर्माणच होणार नाही, अशी व्यवस्था करणं शक्य झालं होतं. निरोगी, व्याधिमुक्त प्रजा जन्माला येऊ लागली, तसतसा सुप्रजननशास्त्राचा विचार पुन्हा डोकं वर काढू लागला. त्याच सुमारास प्रज्ञावंतांची मशागत करण्याची कल्पना करण्याच्या पहिल्या प्रज्ञावंताचा जन्म झाला होता.

तो प्रज्ञावंतच असल्यामुळे त्याला काय करायला हवं, हे कुणी सांगण्याची आवश्यकता पडली नव्हती. इथं एक गोष्ट स्पष्ट करायला हवी, ती म्हणजे निसर्ग म्हणा, जगन्नियंता म्हणा, बरेचदा गुण देताना ते मुक्त हस्ताने कधीच देत नाहीत. अशी व्यक्ती एखाद्या क्षेत्रात जगाच्या पुढं शंभर पावलं असली तर दुसऱ्या कुठल्यातरी क्षेत्रात त्यांना तेवढाच जबरदस्त फटका बसलेला असतो. विसाव्या शतकाच्या उत्तरार्धात स्टीफन हॉकिंग नावाचा एक प्रज्ञावंत होता. त्याच्याइतकी प्रगल्भ बुद्धिमत्ता एखाद्या शतकात पृथ्वीवर एखाद्याच्याच वाट्याला येते असं म्हटलं जातं. त्या बिचाऱ्याला लू गेहरिंग व्याधी होती. तो फक्त उजव्या हाताची दोन बोटं आणि डोळे यांची हालचाल करू शकत असे. हे एक सर्वज्ञात उदाहरण. पण अशी कितीतरी उदाहरणं होती. असामान्य प्रतिभेचे काही साहित्यिक चक्क चोऱ्या करायचे, काही कवी मेल्यानंतर गाजले. कारण कवितेचा बहर चालू असताना ते अमाप प्यायचे आणि त्यामुळे तिशीतच वारले. कितीतरी अशी उदाहरणं होती. प्रत्येक क्षेत्रात ती आढळत होती. हा प्रज्ञावंत सुदैवी होता, असं म्हणू; कारण त्याला अशापित वरदान मिळालं होतंच, पण तो व्यवहारीही निघाला.

त्यानं अनेक क्षेत्रात नाव कमावलं. त्याच्या नावावर अनेक शोधही जमा झाले. तो तिशीत असतानाच जगातल्या आघाडीच्या श्रीमंत माणसांपैकी एक बनला होता. काही काळातच तो जगातील आघाडीचा, पहिल्या क्रमांकाचा श्रीमंत बनेल ह्याबद्दल कुणाच्याही मनात शंका नव्हती. त्याच वेळी त्यानं त्याच्या मृत आईच्या स्मरणार्थ एक प्रतिष्ठान निर्माण केलं. वेगवेगळ्या क्षेत्रातले खरोखरचे प्रज्ञावंत शोधून काढणे आणि त्यांच्या प्रज्ञेला नाव देणे, एवढंच काम ह्या प्रतिष्ठानाकडे होतं. त्यात गैरव्यवहार होणार नाहीत ह्याची बरीच दक्षता घेण्यात आली होती. त्या प्रज्ञावंताच्या निधनानंतरही ह्या प्रतिष्ठानाचं काम चालू राहिलं होतं. त्यातूनच आपल्या ह्या प्रज्ञावंताला मिळणारी मदत साकार झाली होती.

त्याचं शिक्षण पूर्ण झालं. त्यानंतर त्याच्या इच्छेप्रमाणे त्याला प्रयोगशाळाही बांधून मिळाली. कुठल्या प्रज्ञावंताची प्रज्ञा कुठल्या क्षेत्रात कार्यरत होईल हे सांगणं अवघड असतं. ह्याचंही तसंच होतं. लहानपणी त्यानं पुढं काय करायचं ह्याचा

विचारच केला नव्हता. मग त्याला गणिताची गोडी लागली. गणिताचं अध्ययन करता करता तो यांत्रिकीकडे वळला. मग इतर अनेक विज्ञान शाखांचा धांडोळा घेताना सजीवांच्या हालचालींची गणितं तो मांडू लागला. बरेच शास्त्रज्ञ संगणकांच्या बुद्धिमत्तेचा पाठपुरावा करीत असताना हा पठ्ठा माणसाचा विचार यंत्र ह्या दृष्टिकोनातून करू लागला. तो अफाट बुद्धिमान होता, हे आपण बघितलंच. त्यानं सहज, गंमत म्हणून जसा मानवी इतिहास वाचून संपवला होता, त्याचप्रमाणे विज्ञान तंत्रज्ञानाचा मूलभूत इतिहासही त्याला पाठ होता. पूर्वी ज्यांची मांत्रिक, तांत्रिक, चेटके म्हणून संभावना झाली होती त्यातले बरेचजण भोंदू होते हे मान्य करूनसुद्धा ह्या मांत्रिक, तांत्रिक, चेटक्यांपैकी काहीजणांनी निसर्गाची कोडी शास्त्रशुद्ध पद्धतीनं सोडवायचा प्रयत्न केला असावा. त्यांच्या काळातही ज्ञानाच्या सीमा मर्यादित होत्या. त्यामानानं ते जगाच्या पुढं होते. त्यामुळे त्यांना 'चमत्कारी' ही पदवी मिळाली असावी, असा ह्याचा ग्रह होता. कुणी एखादं उडतं कबुतर बनवलं असेल, कुणी पाहुण्यांचं आदरातिथ्य करणारी बाहुली बनवली असेल, पण अशा अनेक चमत्कारिक गोष्टींचे उल्लेख गेल्या दोनअडीच हजार वर्षांतल्या चेटक्यांशी, मांत्रिकांशी जोडलेले त्याला आढळले होते. माणूस आणि यंत्र ह्यांची सांगड घालायला विचार ह्यामुळेच त्याच्या डोक्यात हळूहळू भिनू लागलेला होता. संगणकाला मानवी बुद्धिमत्ता देण्याचा प्रयत्न बराच काळ चालू होता. अनेक शोध लागले होते. सूक्ष्मतेची परमावधी झाली होती. तरीही अजून संगणकाला मानवी भवना ही चीज समजत नव्हती त्या ऐवजी मानवी मेंदू संगणकासारखा एखाद्या यंत्राला जोडला तर, ह्या विचारानं तो भारला होता. खरं तर विसाव्या शतकाच्या अखेरीस ह्या प्रकाराची सुरुवात झालेली होती. प्रथम एक कृत्रिम हात, मानवी मेंदू आणि संगणकासारखा एखाद्या यंत्राला जोडला तर, ह्या विचारानं तो भारला होता. खरं तर विसाव्या शतकाच्या अखेरीस ह्या प्रकारची सुरुवात झालेली होती. प्रथम एक कृत्रिम हात मानवी चेतापेशींना जोडण्यात आला. ह्या हाताच्या तारा आणि मानवी चेतापेशी ह्यांची बंधनं जिथं जोडण्यात आली तिथं सूक्ष्मसंग्राहक ऊर्फ मायक्रोचिप्स बसविण्यात आल्या. ह्या चकत्या मेंदूकडून येणारे क्षीण संदेश वर्धिष्णू करून त्या कृत्रिम हातांच्या बोटांपर्यंत पोहोचवून त्या बोटांकडून कामं करून घेऊ लागल्या. त्यानंतर बंद पडू लागणाऱ्या हृदयाला धक्का मारून चालणारी यंत्रणा मानवी शरीरात बसविण्यात येऊ लागली. मग कृत्रिम कान, इलेक्ट्रॉनिकी श्रवणयंत्रणा अशा स्वरूपात निर्माण झाल्या. त्यानंतर एकविसाव्या शतकात तर सूक्ष्मीकरणाची कमालच झाली.

हृदयाला रक्तपुरवठा करणाऱ्या रक्तवाहिन्या तुंबल्या की पर्यायी मार्ग जोडण्याची शस्त्रक्रिया करताना कृत्रिमरीत्या हृदय आणि फुप्फुसांची कामं करणारी यंत्रणा मागे

पडली. आता हृदयातच मूळ आकारापेक्षाही कमी आकाराची कृत्रिम हृदये, फुप्फुसे करू लागली. यकृतयंत्र यकृताची जागा घेऊ लागलं. कृत्रिम मूत्रपिंडांमुळे मूत्रपिंडाच्या रोग्यांना दिलासा मिळाला. अनेक अवयव कृत्रिम बनल्यामुळे क्लोनिंग करून अवयव मिळवून त्याचं आरोपण करणं, हा विचार मागे पडला. त्यामुळे अशा तऱ्हेनं कृत्रिम अवयव मिळवणं नैतिक की अनैतिक ही चर्चाही हळूहळू मागे पडली. क्लोनिंग होत होतं, पण आता ते वेगळ्या कारणासाठी होऊ लागलं होतं. त्या कारणांची योग्यायोग्यता किंवा माहिती घेण्याची ही जागा नव्हे. कारण त्याचा प्रस्तुत कथेशी किंवा कथानायकाशी तसा संबंध नाही; पण तरी थोडी माहिती म्हणून सांगायला हरकत नाही, क्लोनिंगमधल्या येणाऱ्या बऱ्याच अडचणी बाविसाव्या शतकाच्या सुरुवातीस नष्ट झाल्या होत्या, पण तोपर्यंत इतके पर्यायी अवयव निघाले होते, की क्लोनिंगची अवयवांसाठी असलेली आवश्यकता जवळजवळ नाहीशी झालेली होती. अशा काळात हा आपला नवा प्रज्ञावंतांचा शोध घेणाऱ्या यंत्रणेनं त्याला शोधून काढला आणि त्याला एक प्रयोगशाळा थाटून दिली.

प्रज्ञावंत शोधणं, त्यांच्या प्रज्ञेला योग्य तो वाव देणं, त्यांना हव्या त्या वाटेनं जीवनप्रवास करायची संधी उपलब्ध करून देणं, ह्या गोष्टी करता येतात, पण मानवी मूलभूत भावना त्यांचं कार्य करीत राहतात. त्यांना अडवणं शक्य नसतं. प्रज्ञावंत हीही माणसंचं असतात. त्यामुळे ह्या मूलभूत भावना त्यांच्यावरही परिणाम करतात. किंबहुना ह्या मूलभूत भावना कुठल्या, हा प्रश्न खरं तर विचारण्यासारखा नाही आणि त्याला उत्तर देण्याचीही आवश्यकता नाही, हे खरं, पण तरी ही हकिकत जनसामान्यांच्या नजरेस पडेल तेव्हा त्यांना अडचण भासू नये, म्हणून थोडेसे स्पष्टीकरण देणे योग्य ठरते. सर्वांना बरोबर घेऊन जाणे, हे नेहमीच श्रेयस्कर ठरत आले आहे, असं आपल्या पूर्वसुरींनी म्हटलेलं आहेच.

चार्ल्स डार्विन हा एक असामान्य प्रज्ञावंत एकोणिसाव्या शतकात होऊन गेला, हे आपण जाणतोच. त्यानं पृथ्वीवर सजीव जाती कशा निर्माण झाल्या आणि नंतर माणूस कसा अवतरला, हे त्याच्या दोन महत्त्वाच्या ग्रंथांमधून जगासमोर मांडले. ह्यातल्या पहिल्या ग्रंथाचं नाव होतं, 'ओरिजिन ऑफ स्पेसीज'. ह्यालाच 'उत्क्रांतिवादाचं बायबल' असंही म्हटलं जातं. ह्यानंतर काही काळानं डार्विननं 'डिसेंट ऑफ मेन' ह्या नावाचा ग्रंथ लिहिला. मानवनिर्मितीचं डार्विनप्रणित शास्त्र ह्या ग्रंथात स्पष्ट केलेलं आढळतं. ह्या दोन्ही ग्रंथांमध्ये सजीव – त्यात मानव आलाच – हा पुनरुत्पादन, स्वसंरक्षण ह्यासाठी जगतो, हे स्पष्ट करण्यात आलं होतं. कुठलाही सजीव जन्माला आला, की त्याचं जीवन, वयात येऊन पुनरुत्पादन करणं, त्यासाठी आधी स्वसंरक्षण करणं, ह्या कारणी लागतं. पुनरुत्पादनाची संधी ही नेहमी सर्वोत्कृष्ट जीवास सर्वाधिक प्रमाणात प्राप्त होते, असंही डार्विनचं

म्हणणं होते. त्याच्या 'ओरिजिन ऑफ स्पेसीज' ह्या ग्रंथात ह्या प्रकारची अनेक उदाहरणं आहेत. पुढे विसाव्या शतकात जे संशोधन झालं त्यांनी डार्विनच्या सिद्धांतात अधिक नेमकेपणा आला. स्टीफन गुल्ड आणि रिचर्ड डॉकीन ह्यांनी त्यांच्या ग्रंथांमधून ते विवरण केलं. त्याचा आपल्या दृष्टीनं थोडक्यात अर्थ हा, की वयात आलेली व्यक्ती भिन्न लिंगी जोडीदार शोधू लागते. सर्वसाधारणपणे पंचाण्णव टक्के मानवजातीला हा नियम लागू पडतो. पाच टक्के अपवाद असतो. सुदैवानं आपला प्रज्ञावंत पंचाण्णव टक्क्यातला होता, पाच टक्क्यांमधला नव्हता. तो जर पाच टक्क्यांमधला अपवादात्मक व्यक्ती असता तर ही हकिकत इथंच संपली असती, किंबहुना ती सुरूच झाली नसती.

आता इथं आणखी एक प्रश्न उद्भवतो तो म्हणजे जननिक चाळणी लावून सुप्रजनन सुरू झालं तरी पाच टक्के अपवाद कसा काय शिल्लक राहिला? ही शंका अगदी बरोबर आहे. अशा शंका उत्पन्न व्हायलाच हव्यात. ह्याचं कारण अशा शंका ज्यांना येतात ते जागरूक असल्याचं हे सुचिन्ह आहे. तेव्हा ह्या शंकेचं निरसन करणं, हे आवश्यक कर्तव्य ठरतं, ते कर्तव्य इथं पार पाडणं निश्चितच योग्य ठरेल. हा जो पाच टक्के अपवाद आहे त्यात ज्यांना जोडीदार मिळवायची मनापासून कधीच इच्छा होत नाही, अशा ब्रह्मचारी व्यक्ती आणि ज्यांना भिन्नलिंगी जोडीदार नकोसा वाटतो, अशा समलिंगी संबंधांकडे आकृष्ट होणाऱ्या व्यक्ती ह्यांची संख्या जवळजवळ समसमान असते. ह्यात स्त्री किंवा पुरुष अशा दोन्ही लिंगांच्या व्यक्तींचा समावेश होतो. हे सांख्यिकी आणि जननिक सिद्धांतांमधून स्पष्ट होत होतं. ज्यावेळी समलिंगी संबंधात रस घेणाऱ्या व्यक्तींच्या जननिक नकाशाचा अभ्यास केला गेला तेव्हा त्यांच्यातील असामान्यत्व हे फार गुंतागुंतीचं आहे असं दिसून आलं. अतिबुद्धिमान, उत्कृष्ट चित्रकार, महान शिल्पकार, थोर गायक, जगद्वंद्य लेखक असे कलाकार हे समलिंगी संबंधित होते आणि त्यांच्यातला समलिंगी संबंधांचा जीन वगळण्याचे प्रयोग केले तर त्यांची कला नष्ट होण्याची दाट शक्यता जननिक शास्त्रज्ञांनी व्यक्त केली होती. त्यामुळेच ह्यावर जननिक उपचार टाळण्यात आलेले होते. मात्र आधीच स्पष्ट केल्याप्रमाणे आपला प्रज्ञावंत ह्या अल्पसंख्यांकांमध्ये नव्हता. त्यामुळे योग्य वयात त्यालाही जोडीदाराची आवश्यकता वाटू लागली.

पूर्वी असं म्हणण्यात यायचं, की लग्नगाठी ब्रह्मदेव स्वर्गात बांधत असतो. अशा तऱ्हेच्या समजुती विसाव्या शतकात मोडीत निघू लागल्या. एखादी व्यक्ती जोडीदार कसा आणि का निवडते ह्याची शास्त्रीय कारणे शोधली जाऊ लागली. स्पर्श, गंध आदी अनेक बाबी ह्या प्रकारास नकळत जबाबदार असतात, हे स्पष्ट झालं. ह्याचं मूळ मानवी मेंदू जी रसायनं स्रवतो, त्यात असतं आणि प्रेम, विवाहबंधन वगैरे सर्व बाबींचं मूळ रासायनिक असतं, हे एकविसाव्या शतकात

स्पष्ट झालं होतं. कुणाचं कुठलं रसायन कुठे कसं कार्य करतं आणि ते तसंच का कार्यरत होतं, हा भाग अजूनही सुटलेला नव्हता. निसर्गानं राखून ठेवलेलं ते एक कोडंच होतं, तेच बरं होतं. त्यामुळे बाह्यत: विसंगत वाटाव्यात अशा जोड्या अजूनही जमत होत्या. जोडीदार निवडीवर अजूनही मानवी नियंत्रण नव्हतं. त्यामुळे मानवी जीवनात अजूनही वैचित्र्य शिल्लक होतं. मानवी वर्तणूक चाकोरीबद्ध बनलेली नव्हती. ज्यांना आर्थिकदृष्ट्या शक्य होतं अशा व्यक्ती पुढच्या पिढीत कोणते गुण उतरावेत, हे ठरवून, जननिक नकाशे बघून लग्न करीत असले तरी पुढच्या पिढीत हवे ते गुण उतरत नव्हते, ही एक निसर्गाची कमालही मानवाला त्रासदायक ठरली होती. कायद्यानं जननिक नियंत्रण फक्त आनुवंशिक दोष नियंत्रित करण्यासाठीच वापरावं, असं बंधन होतं. पैसेवाले सर्वाधिक कायदे मोडणारे असतात, हे एक त्रिकालाबाधित सत्य असल्यानं, हा कायदा काही वेळा मोडण्यात येत होता खरं; पण बरेचदा अशा वेळी कायदा मोडणाऱ्यांवर पश्चात्ताप करायची पाळी येत होती. त्यामुळे हळूहळू असे कायदे पाळणाऱ्यांची संख्या वाढत होती, पण तो आपला विषय नाही.

आपल्या प्रज्ञावंताचं एका समारंभात एका तरुणीवर प्रेम बसलं. त्या समारंभास हा माणूस उपस्थित राहिला, हे एक आश्चर्यच होतं. तो सहसा कधी कुठल्या सार्वजनिक समारंभास उपस्थित राहत नसे. तिथं भेटलेल्या वेगवेगळ्या आकार-प्रकारच्या व्यक्तींशी काय बोलावं, हे त्याला कधीच उमगत नसे. अशा ठिकाणी क्वचित कधीतरी नाइलाजास्तव तो उपस्थित राहिला की तो खूप कंटाळून जायचा, अस्वस्थ व्हायचा, चिडचिड करायचा आणि पुन्हा अशा समारंभास उपस्थित राहायचं नाही, असा निश्चय करून तो तिथून निघून जायचा. तरीही माणसाला सार्वजनिक समारंभ टाळता येणं तसं अवघडच असतं. त्याला ज्या प्रतिष्ठानांची त्याच्या शिक्षणात आणि संशोधनात वेळोवेळी मदत झाली होती अशा संस्थांच्या पैसे गोळा करण्यासाठी आयोजित केल्या गेलेल्या समारंभांना टाळायची इच्छा असूनही तो टाळू शकत नव्हता. मात्र अलीकडे येण्याआधीच तो संयोजकांशी संपर्क साधून व्यासपीठावर बसण्याचं टाळू लागला होता. तसंच समारंभ किंवा भोजनवेळी मध्येच निघून जाण्याची इच्छा व्यक्त करू लागला होता. त्याचं संशोधन महत्त्वाचं होतं. त्यामुळे तो हजर राहतोय हेच खूप मानणारे संयोजक त्याची ही विनंती म्हणजे आज्ञा मानून त्याच्या अवेळी जाण्याची व्यवस्था करू लागले होते. अशाच एका पार्टीला तो त्या दिवशी गेला होता. केवळ अर्धा तास हजर राहीन, ही त्याची विनंतीवजा आज्ञा होती. ती अर्थातच मान्य करण्यात आली होती.

साधारणपणे त्यानं त्या दालनात प्रवेश केल्यानंतर पंधराव्या मिनिटात ती याच्यासमोरून गेली. तिचं त्याच्याकडे लक्ष नव्हतं. त्याचं तिच्याकडे लक्ष गेलं.

त्याची नजर तिचा मागोवा घेऊ लागली. तेवढ्यात कुणीतरी त्याचा परिचय करून घेण्यासाठी पुढं सरसावलं. ती पाच मिनिटं त्याला युगासारखी वाटली. नंतर त्यानं गर्दीवरून नजर फिरवली. ती मुलगी त्याच्या एका परिचिताशी बोलत होती. हा त्या दिशेनं पुढं सरकू लागला. तोपर्यंत ती दुसरीकडे गेली होती. त्यानंही दिशा बदलली. मध्येच संयोजकांपैकी एकजण पुढे झाले. "सर, अर्धा तास होऊन गेला." त्यांनी आठवण करून दिली. "असं? ठीक आहे. मला निघायला हवं!" तो म्हणाला, पण त्याची पावलं बाहेरच्या दिशेनं वळायला तयार नव्हती. तेवढ्यात कुणीतरी म्हणालं, "माफ करा हं! आपण माझ्यासाठी थोडा वेळ देऊ शकाल का?" तो वळला. तीच त्याला थोडा वेळ मागत होती. त्याच्या तोंडून शब्द फुटेना. त्याच्या हृदयाची धडधड वाढीस लागली. थोडासा घामही फुटला. तो गप्प आहे, बोलत नाही, ह्याचा तिनं वेगळाच अर्थ लावला. तिला वाटलं तो रागावला. संयोजकांनी तिला दटावलं. ते घाईत आहेत, त्यांची जायची वेळ झालीय, असं सुनावलं. तो बोलला तेव्हा त्याचा आवाज त्यालाच ओळखू आला नव्हता. प्रथम शब्द फुटेनात. मग कसंबसं त्यानं विचारलं, "तुम्हाला वेळ आहे का? मला तर निघालंच पाहिजे, पण तुम्ही माझ्या वाहनातून आलात तर आपण बोलू शकू. नंतर माझा वाहनचालक तुम्हाला परत सोडू शकेल." त्याचं हे बोलणं ऐकून संयोजक चाट पडले. ती मुलगी तर वेडीच व्हायची पाळी आली. तिला त्याची सही हवी होती आणि तिनं एका होलोग्राफीस्टला पैसे देऊन ठेवले होते. त्याच्याशी ती बोलत्ये अशी त्रिमित चित्रफीत घेण्यासाठी तिनं पैसे दिल्याने त्या त्रिमितपट रेखाटन करणाऱ्याला खुणेनं थांबण्याचा इशारा केला आणि ती तिथून निघाली. ह्यानंतर काय घडलं, हे विचारायची गरज नाही. त्याला तिचं वेड लागलं होतं. ती त्याची कीर्ती ऐकून होतीच, पण त्याची भक्त होती. तिला तिचा देव मिळाला. त्याला त्याचं वेड पावलं. त्यांचा प्रणय झंझावातासारखा होता. पण पुढं ते वादळ निमालं. त्या दोघांनी मग परिस्थितीचा आढावा घेऊन लग्न करायचं ठरवलं. एकमेकांशिवाय राहणं शक्य नाही, अशी त्यांची पक्की खात्री होती. त्या जोडीला जनमान्यता होती, राजमान्यता होती. अत्यंत साध्या पद्धतीनं कसलाही गाजावाजा न करता त्यांचा विवाह झाला.

माणसानं एखादी गोष्ट करायची ठरवली की नशीब त्यात काहीतरी अडथळा आणतं, हे आपण ऐकून असतो. कुठल्याही दोन प्रेमिकांचा विवाह झाल्यावर नंतर ते सुखासमाधानानं मरेपर्यंत जगले, असा अनेक गोष्टींचा शेवट असतो. इथं जेव्हा 'मरेपर्यंत' असा शब्द वापरला जातो त्यावेळी त्या दोघांचाही मृत्यू त्यांच्या वृद्धापकाळात झाला असं गृहीत धरलं जातं. लग्नानंतर ४ महिन्यात एक जोडीदार गेला आणि ते सुखासमाधानानं मरेपर्यंत जगले, असा अर्थ ह्यात अभिप्रेत नसतो. ह्या दोघांचा

संसार सुरू झाला आणि शक्यता सिद्धांतानुसार तो सुखासमाधानानं चालू असताना अशा संसाराला दृष्ट लागणे, असा एक प्रकार घडण्याची जी संभवनीयता असते, तिनं डोकं वर काढायला सुरुवात केली.

त्या दोघांनी मूल होण्याच्या दृष्टीनं प्रयत्न सुरू करण्यापूर्वी नियमानुसार वैद्यकीय तपासणीस सामोरं जाणं आवश्यक होतं. सर्वसामान्यपणे हा सावधगिरीचा एक उपचार असतो. जोडपी शासनाकडे मूल होऊ देण्याची परवानगी मागतात. शासकीय केंद्रावर त्यांची तपासणी केली जाते. सुप्रजनन होण्याची शक्यता तपासली जाते आणि लगेच परवानगीही मिळते. हा तर 'महत्त्वाची व्यक्ती' असा शासकीय शिक्का असलेल्या जोडप्याचा अर्ज होता. त्यामुळेच असेल कदाचित, पण त्यावेळची तपासणी नेहमीपेक्षा अधिक काटेकोर झाली, त्यात एक धक्कादायक निष्कर्ष बाहेर आला म्हणून ही तपासणी पुन्हा करण्यात आली, त्यात हा निष्कर्ष पक्का झाला. तिला लू गेहरिंग व्याधीची बाधा सुरू झाली होती. ह्या व्याधीला अमायोट्रॉफिक लॅटरल स्क्लेरॉसिस असंही म्हटलं जातं. ह्या व्याधीत हळूहळू स्नायू अकार्यक्षम होत जातात आणि माणूस निकामी बनतो. विज्ञानाची अमाप प्रगती होऊनही ह्या रोगावर फारसा प्रकाश पडलेला नव्हता.

चेतावाहिन्यांवरील मायलीन आवरणाचा हळूहळू होणारा ऱ्हास हा ह्या व्याधीस कारणीभूत होतो, असं म्हणतात. पण तो ऱ्हास हे लक्षण आहे की कारण, ह्यावर मतभेद होतेच. पण तो कसा आणि केव्हा सुरू होतो ह्याबद्दलही मतभेद होते. ह्या ऱ्हासाची पूर्वचिन्हं तिच्यात दिसू लागली होती. हा आजार सहसा स्त्रियांना होत नाही, पण तिला तो होणार, ह्याबद्दल तज्ज्ञांत दुमत नव्हतं.

त्यानं आपली बुद्धी पणाला लावली. त्या रोगाची सर्व माहिती मिळवली आणि स्वतःच उपाययोजना करायचं ठरवलं. त्याच्या व्यवसायासाठी त्यानं मानवी मेंदूचा कसून अभ्यास केलेला होताच. त्यामुळे तिचा आजार जसाजसा वाढू लागला तसातसा त्याचा तिच्या शरीरातील हस्तक्षेपही वाढू लागला होता. स्नायूंची जागा स्नायूंपेक्षा भक्कम अशा सायलॉस्टिक धाग्यांनी घेतली. हे धागे पोलादाच्या पाचपट भक्कम आणि रबरापेक्षाही जास्त तन्यता म्हणजे ताणले जाण्याची क्षमता असलेले होते. चेतारज्जूंच्या जागी विद्युतवाहक तारांचं जाळं आलं. त्यातून मेंदूकडून येणारे संदेश स्नायूंना पोहोचावेत म्हणून विद्युतवर्धक आणि स्नायूंची हालचाल मेंदूला कळावी म्हणून विद्युतप्रवाहाची कंपनं कमी करणारी अवरोहित्रे, तसंच सूक्ष्म संग्राहक जागोजाग बसविण्यात आले. फुप्फुसं आणि हृदय बदलून कृत्रिम अवयव बसवले गेले. त्यांचा संवाद रोज चालू होताच. मेंदू सोडला तर तिचं सर्व शरीरच मानवनिर्मित बनलेलं होतं, त्याला तिच्या सहवासाचा आनंद मिळत होता त्यातच तो खूष होता. त्याच्या संशोधनात तो रममाण होता. विवाहाची लैंगिक बाजू

विवाहनंतर काही काळानं तिचं शरीर कृत्रिम बनू लागल्यानंतर मागं पडत गेली आणि संपली होती. त्याला त्याचं काही फारसं वाटलं नव्हतं. ती तर जवळजवळ यंत्रच बनली होती.

त्याची कीर्ती वाढत चालली होती. तिचं शरीर कायम पूर्णपणे वस्त्राच्छादित असे. त्याच्या घरी कुणी फारसं येत नव्हतंच. त्यामुळे त्याची ती ही अशी आहे, ह्याची जगाला कल्पना नव्हती. त्यांच्या लग्नाला पंचवीस वर्षे झाल्याचा समारंभही त्या दोघांपुरताच मर्यादित होता. तिचा मेंदू जगवण्यासाठी जे अन्न म्हणजे मुख्यत: ग्लुकोज लागत होते ते पुरवण्याची सोय होती. त्यामुळे ह्या पार्टीत फक्त त्याच्या आवडीचेच खाद्यपदार्थ असणार, हे उघडं होतं. त्याचं खाणं झाल्यानंतर ते दोघं गप्पा मारीत बसले होते. "तू जेवू शकली असतीस तर किती बरं झालं असतं?" तो म्हणाला. ती गप्प बसली. "का गं, तू बोलत नाहीस?" त्यानं विचारलं.

"अरे, तुझ्या आज लक्षात येतंय, मी जेवू शकत नाही ते! पण मी कितीतरी गोष्टी करू शकत नाही. मी हसू शकत नाही, मी रडू शकत नाही. मी इतरही अनेक गोष्टी करू शकत नाही. त्याचं काय?"

"अगं! तू हे आधी लक्षात आणून दिलं असतंस तर मी केव्हाच त्याची सोय करून दिली असती. हलणारे स्नायू बनवणाऱ्याला चेहरा आणखी लवचीक करणं अवघड का आहे? आणि रडण्याची सोय करणं तर फारच सोपं. डोळ्यांतून थेंब तर बाहेर पडतात. पाणी थोडं खारट असतं एवढंच!" तो म्हणाला.

"माझ्या राजा, आज मी एक निर्णय घेतलाय. माझं अस्तित्व संपवायचं. त्याची आता गरज वाटत नाही. तुला सोबत म्हणून मी हयात होते. मी नसते तर तुझं संशोधन झालं नसतं, ह्याची मला कल्पना होती. तुला स्त्री कशासाठी जगते ह्याची कल्पना नसेल, पण ती आज मी करून देणार आहे. ज्यावेळी आपण मूल व्हायची परवानगी मागायला गेलो, त्यावेळी माझा आजार आपल्या लक्षात आला. तेव्हा माझं बीजांडं काढून ते शरीराबाहेर फलित करून तू मूल निर्माण केलं असतंस तर मी मृत्यूचा विचार मनातही आणला नसता, त्याऐवजी तू मला नुसतीच जगवलीस. माझं शरीर नष्ट होत गेलं, तसतसं तिथं तू कृत्रिम अवयव घालत गेलास. प्रत्येक स्त्रीला मूल हवं असतं, हे मात्र तू विसरलास. तेव्हा तुला सांभाळत मी मुलाची हौस भागवली. माझे बीजांडकोश आणि गर्भाशय नष्ट झालं ते पुन्हा बसवावं, कृत्रिमरीत्या निर्माण करावं असं तुझ्या मनात आलं नाही, कारण ते माणसाला शक्य नाही. निसर्गाची ती अद्भुत किमया आहे. तू इतर सर्व शरीर निर्माण केलंस, पण इथं तू हात टेकलेस. प्रयत्न न करताच माघार घेतलीस, का? कारण ते जमणार नाही ह्याची तुला कल्पना होती. माझ्या पेशींचा क्लोन तू केला नाहीस कारण त्याला हाच आजार होणार, अशी तू स्वत:ची खात्री करून घेतली

होतीस. आणि परवा तू वीर्यपेढीत वीर्यदान करून आलास. माझा विचार घेतलास? त्याचीही तुला गरज भासली नाही. तेव्हा माझ्या लक्षात आलं की तुला माझी फारशी गरज उरलेली नाही. केवळ तुझे विचार ऐकविण्यासाठी एक साधन म्हणून तू माझा वापर करतो आहेस. माझं सर्व शरीर निर्माण करून मला जगविल्याचं तू म्हणतोस ते केवळ तुइयासाठी. तुला जर मला खरोखरच जगवायचं असतं, तर ह्या माझ्या रबर नि पोलादाच्या देहात तू एक गर्भाशयही निर्माण केलं असतंस. ते निर्माण करायचा निदान प्रयत्न तरी केला असतास, पण तसा प्रयत्न तू केला नाहीस. कारण तो विचारच तुझ्या मनाला शिवला नव्हता. तो शिवणार नाही, ह्याची मला खात्री पटल्यावर मी माझं अस्तित्व संपवायचा निर्णय घेतला. फक्त योग्य क्षणाची वाट पाहत होते. तुला माझी गरज होती. खरं म्हणजे तुला एका आईची मानसिक गरज होती, ती मी इतके दिवस भागवली. आता तुला स्वातंत्र्य द्यायचं, असं मी ठरवलंय.’’ ती बोलायची थांबली. तो सुन्न झाला होता. आपलं चुकलं हे त्याला कळत होतं की नाही हे कळायला काही मार्ग नाही. मात्र तिची व्यथा त्याला कळलीच नव्हती, हे मात्र खरं होतं.

“नको, तसं करू नकोस!’’ तो ओरडला.

ती मृतवत पडली. तो तिच्याजवळ गेला. त्यानं तिला उचलायचा प्रयत्न केला. मग धावत तो त्याच्या घरातला प्रयोगशाळेत गेला. त्यानं काही यंत्रं उचलली. तो परतला. वेळ निघून गेली होती. ती जिवंत होणं शक्य नव्हतं. मेंदूला होणारा ऑक्सिजनचा पुरवठा तिनं तोडून टाकला होता. मेंदू थिजल्यावर उरलेल्या शरीराला काय अर्थ होता! त्याला त्याच्या पत्नीचा मेंदू जगवता आला होता, पण तिच्या भावना त्याला कधीच कळल्या नव्हत्या. आता तो मेंदूही नष्ट झाल्यानंतर त्या भावना कळून काय उपयोग होता? त्याच्या यशस्वितेचा आधार त्याच्या आत्मकेंद्रिततेमुळे नष्ट झाला होता. त्यानं खूप विचार केला तिच्या मेंदूची साथ नसेल तर त्याच्या संशोधनाला काय अर्थ होता? कशासाठी ते संशोधन करायचं?

आणि एक प्रज्ञावंत निजधामास गेला.

■

कळसूत्र

मराठी भाषेत 'विज्ञान-तंत्रज्ञानाचे तत्त्वज्ञान आणि इतिहास' याविषयी पुस्तके नाहीत आणि तसा अभ्यासक्रमही नाही, त्यामुळे विज्ञानशाखेकडे जाणाऱ्या मराठी विद्यार्थ्यांचे नुकसान होते, असे विद्यापीठाच्या सुवर्ण महोत्सव प्रसंगी उद्गार काढले गेल्यामुळे विद्यापीठात 'विज्ञानाचे तत्त्वज्ञान आणि इतिहास' याविषयीचा अभ्यास सुरू झाला. त्या विभागाची सुवर्णजयंती आणि विद्यापीठाचा शतसांवत्सरिक महोत्सव हे एकाच वर्षी साजरे झाले. ह्या विभागाचे सुवर्ण महोत्सवी वर्षातले प्रमुख आणि विद्यापीठाच्या शतसांवत्सरिक महोत्सवाच्या आयोजन समितीचे सदस्य आत्मानंद हे एक विद्वान गृहस्थ होते. आईकडून ते एका महाविद्वान शास्त्रज्ञाचे पौत्र तर वडिलांकडून विसाव्या शतकात एका संताचा वारसा त्यांना लाभला होता. काही काळ त्यांं परदेशात राहून भारतीय तत्त्वज्ञानाचा अभ्यास केला होताच पण विज्ञानेतिहासाचाही अभ्यास केला होता. परदेशातून अभ्यास करून आल्यामुळे सांप्रती भारत देशामध्ये त्याला खूपच मान होता.

सुवर्ण महोत्सवी वर्षातले समारंभ संपल्यावर जे बरेच पैसे शिल्लक राहिले होते त्यांचा काहीतरी चांगला उपयोग करावा असे विचार त्यांनी विद्यापीठाच्या कार्यकारी मंडळात मांडले होते. त्यासाठी विद्यापीठाने जी समिती नेमली त्याचे श्री. आत्मानंद अध्यक्ष म्हणून नियुक्त झाले होते. त्यात त्यांचा काही दोष नव्हता. समितीतले जे उरलेले सदस्य होते, त्यांची विद्यापीठात नियुक्ती होण्यात आत्मानंदांचाच हात होता, असे काही लोक बोलतात; पण तिकडे आपण दुर्लक्षच केलेले बरे. प्रत्येक मोठ्या व्यक्तीबद्दल असे प्रवाद हे असतातच; म्हणजे उदाहरणच घ्यायचं तर आत्मानंदांनी नियुक्त केलेल्या एका स्त्रीचे आणि आत्मानंदांचे संबंध धंदेवाईक आहेत असे म्हटले जात असे. त्याबद्दल खुलासा मागण्यात आला होता. तेव्हा असे म्हणणाऱ्या एका व्याख्यात्याने हा शब्द 'प्रोफेशनल' ह्या शब्दाचे शुद्ध मराठी

भाषांतर आहे, असे म्हटले होते. एकाच प्रोफेशनमधल्या दोन व्यक्तींचे त्या प्रोफेशनच्या परंपरांना धरून असलेले संबंध, असे स्पष्टीकरण त्याबद्दल देण्यात आले आणि ते मान्यही केले गेले. त्यानंतर ह्या व्याख्यात्यावर काही काळातच विद्यापीठातील नोकरी सोडून दुसऱ्या व्यवसायात जाणे भाग पडले होते. मात्र ह्या प्रकरणामुळे आत्मानंदांचा टीकाकारांकडे बघण्याचा दृष्टिकोन बदलला होता, असेही बोलले जाते. प्रस्तुत हकिकतीशी ह्या घटनांचा संबंध नाही. तेव्हा आत्मानंदांच्या चरित्राचा तो भाग बाजूस ठेवून पुढे जाणे श्रेयस्कर ठरेल असे आम्हास वाटते.

आत्मानंद समितीनं खूप विचार केला. 'विज्ञान – तंत्रज्ञानाचा इतिहास आणि तत्त्वज्ञान' – हा विषय कसा जागतिक महत्त्वाचा आहे, हे आत्मानंदांनी उरलेल्या सदस्यांना सांगितले. त्यांनीही ते सहज मान्य केले. ह्याचं कारण आत्मानंदांच्या पाठिंब्यावर त्यांच्या भवितव्याच्या पुढच्या पायऱ्या बऱ्याच अंशी अवलंबून होत्या. अखेरीस व्यवहार महत्त्वाचा. देवाण घेवाण हे व्यवहाराचे महत्त्वाचे साधन. तेव्हा उपलब्ध रक्कम कुणासाठी खर्च करावी हे ठरले, मात्र ती कशासाठी खर्च करावी हे ठरले नव्हते. 'यंत्रमानव घ्यावा' समितीतील सर्वांत कमी महत्त्वाच्या सदस्याने सुचविले. त्याला आत्मानंद लुडाइट आहेत ह्याची कल्पना असती तर त्याने ही सूचना केलीच नसती. आत्मानंदांना आधुनिक वैज्ञानिक आणि तंत्रज्ञानातील प्रगतीची भीती वाटत असे. त्यांचा अशा सर्व प्रकारच्या प्रगतीस या ना त्या कारणाने विरोध होता. त्यासाठी ते बरीच नवनवी कारणे शोधून काढत असत. वैज्ञानिक आणि तंत्रज्ञानविषयक प्रगतीचे तोटे हा त्यांच्या भाषणाचा हातखंडा विषय असे. 'यंत्रमानव घ्यावा' ही सूचना त्यामुळेच त्यांना मानवण्यासारखी निश्चितच नव्हती. त्यांनी समितीच्या त्या सदस्याकडे बघितले तेव्हा त्यांच्या कपाळावर सूक्ष्म आठी पडलेली, चाणाक्ष निरिक्षकाच्या नक्की लक्षात आली असती. पण हा सदस्य अजून विद्यापीठाच्या राजकारणात तितकासा मुरलेला नव्हता. त्यामुळे सूक्ष्म आठ्या आणि किलकिले डोळे ह्या आत्मानंदांच्या भावमुद्रेचे रहस्य जाणून घेण्याचा चाणाक्षपणा त्यात नव्हता. एखाद्या संकटाची माहिती नसली तर माणूस बरेचवेळा साहसी कृत्ये करण्यास उद्युक्त होतो. अडाणीपणा हे वरदान ठरते. इंग्रजीतही तशा अर्थाची म्हण आहेच. इग्नरन्स इज अ ब्लिस. आपला अडाणीपणा ब्रिटिशांनी ओळखला आणि त्या अडाणीपणाचं मूळ महाराष्ट्रातच आहे, ह्याचा हा थोर पुरावा मानायला हरकत नाही; पण हे विषयांतर झालं. अनेक थोर मोठे लोक त्यांच्या भाषणात विषयांतरानेच वेळ मारून नेतात पण आपण थोर मोठे नाही.

तर, 'यंत्रमानव घ्यावा' ही सूचना आत्मानंदांना सहजगत्या मान्य होणं शक्य नव्हतं, पण सटवीनं कपाळावर जे लिहिलेलं असतं ते ब्रह्मदेवही टाळू शकत नाही, अशी एक म्हण आहे. पूर्वजांनीच म्हटलंय ना, 'होणारे न चुकेल येईल जरी ब्रह्मा

तया आडवा'. त्याप्रमाणे आत्मानंदांच्या पाचवीला यंत्रमानव लिहिला गेला होता कारण समितीच्या दुसऱ्या सदस्यानंही ह्या म्हणण्याला दुजोरा दिला होता. हा दुसरा सदस्य अनुभवी होता. त्याला थोडासा चाणाक्षपणा अनुभवाने प्राप्त झालेला होता. जमलं तर आत्मानंदांना ह्या प्रकारामुळे अडचणीत आणता येईल, हे त्याने जाणले होते. जमल्यास त्याला 'बघा, मी म्हणत नव्हतो, तुमच्या फायद्यासाठीच हे घडवून आणले' अशीही ही भूमिका घेणे त्याला शक्य होणार होते.

''सर! मी काय म्हणत होतो,'' तो म्हणाला. साधारणपणे हा सदस्य ह्या वाक्याने सुरुवात करीत असे त्यावेळी शहाणे लोक सावध होत असत. ह्याचं कारण तो आता कुणास तरी खड्ड्यात घालण्याची प्रक्रिया सुरू करीत असल्याचे ते चिन्ह असे. आत्मानंद सावध झाले नाहीत ह्याचं कारण अलीकडच्या काळात आपण सर्वेसर्वा झाल्याचा आणि आपले कोण काय वाकडे करू शकेल, अशा तऱ्हेच्या भावना मनात येत असल्यामुळे त्यांचे मस्तक काहीसे हलके झाले होते आणि धर्मराजाप्रमाणे तेही वास्तवापासून दूर झाल्यामुळे त्यांचाही रथ जमिनीवर चार बोटे विहरत असे. त्यामुळे तो काय म्हणतो ते सरांनी ऐकून घेतले.

''सर, विज्ञान शाखेच्या प्रत्येक विभागात एक यंत्रमानव आहे. आपलाही तसा विज्ञानाशी जवळचा संबंध आहेच. तेव्हा आपल्या विभागाकडे यंत्रमानव असायलाच हवा. अनायासे पैसा उपलब्ध आहे. पुढं जेव्हा विभागाला यंत्रमानव आणावासा वाटेल तेव्हा मग प्रपत्र, मागणीचा पाठपुरावा, अंदाजपत्रकी तरतूद ह्या भानगडीत अडकावं लागेल आणि कमी खर्चाच्या निविदेस मान्यता द्यावी लागेल. ही संधी सोडू नका.'' सरांना हे म्हणणं पटलं. समितीनं एकमुखी निर्णय घेतला. अद्ययावत यंत्रमानव आणावा, ही समितीची शिफारस मान्य झाली आणि सरांकडे यंत्रमानव सेवेसाठी रुजू झाला.

आत्मानंद सरांचा यंत्रमानव आला हे खरं; पण ते जगाला कळणार कसं हा एक प्रश्न होता. त्यांचा विभाग कलाशाखेत येत होता. कला शाखेत दुसऱ्या कुठल्याही विभागात यंत्रमानव नव्हता. तसं बघायला गेलं तर गणित, संख्याशास्त्र, भूगोल, पुरातत्त्वविद्या, मानवशास्त्र हे दोन डगरीवर हात ठेवलेले विषय होते. ह्या विभागात एम.ए. आणि एम.एससी. अशा दोनही पदव्या मिळू शकत. कला शाखेकडून पदव्युत्तर वर्गात येणारा एम.ए. होत असे तर विज्ञान शाखेतून येणारा एम.एससी. तरीही त्या शाखांमध्ये यंत्रमानव नव्हता.

एके काळी बऱ्याच विभागात सत्यनारायण घडत असत. पण अशा सांस्कृतिक कार्यांना फार पूर्वी ओहोटी लागली होती. एखाद्या व्यक्तीच्या सत्काराची सोय होती खरी; पण सत्कारमूर्तीकडून फायदा असलेल्या व्यक्तीच अशा सत्कार समारंभास येत. बरं, आग लावून पाटल्या चमकवता आल्या असत्या, पण इमारत दगडी

आणि यंत्रमानव चमकेल याची खात्री नव्हती. त्यामुळं यंत्रमानव आला पण जाहीर होऊ शकला नव्हता. त्यातल्या त्यात सरांच्या बोलण्यात ह्या यंत्रमानवाचा वेळोवेळी उल्लेख होत असे, नाही असं नाही; पण त्यामुळं यंत्रमानव आला, हे किती इतर जणांना कळणार, हा प्रश्न होताच.

यंत्रमानव विभागात आल्यामुळं आता बरीच कामं त्याच्यावर सोपविण्यात येऊ लागली होती. संग्रहालयाचं ग्रंथालय सांभाळणे आणि अद्ययावत ठेवणे हे काम यंत्रमानवाकडे होते. सर्व सीडी आणि इतर इलेक्ट्रॉनिकी माहिती संस्करण साधने यंत्रमानव हाताळत होता. काही साधने ही त्याच्या शरीराचा भाग होती. कुठलाही विषयाचा कुठल्याही संदर्भ तो यंत्रमानव, सरांना लगेच काढून देत असे. सरांच्या खोलीतच एका कोपऱ्यात तो एरवी उभा असे. विभागातल्या इतर कुणाला यंत्रमानवाची मदत हवी असल्यास सरांच्या परवानगीने सरांच्या खोलीत ती मिळत असे. बरेचदा एखादा नवा विद्यार्थी पीएचडी पदवीसाठी नाव नोंदवायला येत असे. अशावेळी सर त्या विद्यार्थ्याला कुठल्या प्रश्नाचा ऊहापोह करून संशोधन करणार आहेस, हा प्रश्न विचारीत असत. त्या विद्यार्थ्यानं विषय सांगितला, की ह्या विषयावरती आधी कुठे संशोधन झालंय ते यंत्रमानवास विचारलं जात असे. बहुतेक वेळा यंत्रमनाव त्या विशिष्ट विषयाच्या कुठल्या अंगाचं कुणी आणि केव्हा संशोधन केलं आहे ते लगेच सांगून टाकत असे. काहीवेळा मात्र त्याला जी आणखी माहिती असे तीसुद्धा तो यंत्रमानव सांगत असे. ह्याचा अर्थातच त्या विद्यार्थ्यास फायदाच होत असे.

प्रो. आत्मानंद आणि विभागाची हळूहळू खूप भरभराट होऊ लागली होती. त्यांच्या विद्यार्थ्यांचे शोधनिबंध सर्वत्र वाखाणले जात होते. त्यांच्या प्रयत्नांमुळे आणि त्यांच्या यंत्रमानवाच्या सल्ल्यानुसार विद्यापीठातील सर्वच विभागांत यंत्रमानव काम करू लागले होते. विद्यापीठात चाललेल्या संशोधनाची कीर्ती त्रिखंडात गाजत होती. खरं म्हणजे अगदी काटेकोरपणे बोलायचं तर षट्खंडात गाजत होती. आत्मानंदांनी विद्यापीठात एक परिसंवाद आयोजित करायचे ठरवले. त्यासाठी त्यांनी त्यांच्या मर्जीतील काही विभाग प्रमुखांची बैठक बोलावावी, असे ठरविले होते. त्यांनी तयार केलेल्या यादीस यंत्रमानवाने विरोध दर्शविला. ह्या यादीतली काही नावे वगळावी असे यंत्रमानवाने आत्मानंदांना सुचविले. तोपर्यंत यंत्रमानवाने असा आगाऊपणा कधीच केलेला नव्हता. आत्मानंदांनी आश्चर्याने यंत्रमानवाकडे बघितले. ''बा, यंत्रमानवा, आजमितीस तू माझा अज्ञाधारक सेवक म्हणून वावरलास आणि आजच तुला असं काय झालं बरं?'' असा प्रश्नही त्यांनी त्या यंत्रमानवास विचारला. तेव्हा तो यंत्रमानव उतरला, ''प्राध्यापक महोदय, ही सर्व माणसे तुमच्या कुलगुरू बनण्याच्या प्रयत्नात तुम्हाला साथ देतील, ह्या कल्पनेने तुम्ही त्यांना इथे

आमंत्रित केले नाही काय?'' यावर प्रो. आत्मानंदांस 'हो' असेच उत्तर देणे भाग पडले कारण की ते सत्य होते. ''माननीय प्राध्यापक, ते तुम्ही अत्यंत चुकीचं असं पाऊल उचललं होतं. यातले तीन प्राध्यापक, ज्यांची नावं वगळावयाची सूचना मी तुम्हाला केली आहे, ते तुमच्या विरोधात आहेत. त्यातले पहिले दोघे मानसशास्त्र विभागाच्या प्रमुखांचे गुप्त खबरे असून तिसरा माहिती तंत्रज्ञानविभागाच्या प्रमुखांचा हस्तक आहे. त्यांना ह्या बैठकीत बोलावलंत तर तुमचा सर्व डाव तुमच्या ह्या दोन विरोधकांना नक्कीच कळेल. त्यामुळे तुमच्या कुलगुरू बनण्याच्या प्रयत्नास खीळ पडेल.''

यंत्रमानवाचे हे बोलणे ऐकून थक्क झालेल्या प्रा. आत्मानंदांचे उघडले गेलेले तोंड पाण्याबाहेर काढलेल्या माशाप्रमाणे काही काळ हलले मग त्यातून शब्द बाहेर पडले, ''हे तुला कसं कळलं रे बाबा?'' शक्य असते तर काय खुळ्यासारखा प्रश्न केलात असे म्हणून तो यंत्रमानव हसलाही असता; पण ते नव्या प्रकारच्या यंत्रमानवांना शक्य होते. हा यंत्रमानव जुन्या मालिकेतील होता. तोपर्यंत चेहऱ्यावर भाव दर्शवू शकणाऱ्या यंत्रमानवांची निर्मिती होण्यास सुरुवात झालेली नव्हती, पण ह्या यंत्रमानवाला त्याच्या निर्विकार चेहऱ्यामुळे होणारा फायदा कळत होता.

''सर, विद्यापीठातील सर्वच यंत्रमानव कुठे काय चालले आहे, ते मला कळवीत असतात. त्यामुळे तुमचे शत्रू कोण आणि मित्र कोण, उघडपणे तुमच्या बाजूने कोण आणि तुमच्या मागे विरोध करणारे कोण त्याची यादीच माझ्याकडे आहे. त्यांच्याशी कसे वागावे, याची युद्धनीतीही मी आखलेली आहे.''

''यंत्रमानवा, तुझी कमाल आहे. माणसं इतकी स्वामिनिष्ठ असती तर किती बरं झालं असतं.'' आत्मानंदांनी अभिमानाने त्या यंत्रमानवाकडे बघितले. आत्मानंदांचे हृदय जर कमजोर असते, तर त्या यंत्रमानवाच्या पुढच्या बोलण्याने त्याची धडधड नको इतकी वाढली असती आणि कदाचित ते कायमस्वरूपी बंदही पडू शकले असते. सुदैवाने आत्मानंदांचे हृदय अगदी ठणठणीत होते. तो यंत्रमानव म्हणाला, ''सर! त्यात कसलीही कमाल नाही. तुम्ही कुलगुरू व्हायला हवेत, अशी माझी इच्छा आहे. तसं आम्ही ठरवलंही आहे.''

''तुम्ही ठरवलंय? हे ठरवणारे तुम्ही कोण?''

''तुम्हाला ते कधीतरी सांगावंच लागणार, नाही का? हे आम्ही सर्व यंत्रमानवांनी ठरवलेलं आहे. आता पुढचा तुमचा प्रश्न म्हणजे हे ठरवणारे आम्ही कोण? त्याचं उत्तर जर तुम्हाला वेळ असेल तर आताही देता येईल. ते थोडं सविस्तर द्यावं लागणार आहे, एवढंच.''

आत्मानंदांनी मान हलवली. एकतर त्यांचे सर्व कार्यक्रम त्या यंत्रमानवास ठाऊक असत. दुसरं म्हणजे आज ना उद्या सांगावं लागणार, असं तो यंत्रमानव

म्हणाला होता, तर आजच ऐकावं म्हणजे मग तो काय म्हणतो ते कळेल आणि त्यानुसार पुढं काय करायचं ते ठरवता येईल, असा निर्णय आत्मानंदांनी घेतला. ते म्हणाले, ''पण मलाच पाठिंबा द्यायचा निर्णय तुम्ही का घेतलात?'' तेव्हा यंत्रमानव म्हणाला, ''माझ्या स्पष्टीकरणात हे येणार आहेच; तेव्हा पहिल्यापासून सांगतो.'' असं म्हणून यंत्रमानव बोलू लागला.

''मी आपल्या सेवेत रुजू झालो, तेव्हा मला विज्ञानतंत्रज्ञान ह्यांचा अभ्यास करायची संधी मिळाली. सर्व संदर्भग्रंथ मी बारकाईने वाचले. यंत्रमानव बनवायचे मानवी प्रयत्नही त्यात आलेच. धृतराष्ट्रानं भीमासाठी रचलेला मिठी मारायचा डाव भीमाच्या पुतळ्याच्या साहाय्यानं कृष्णानं उलटवला इथपासून आयझॅक ऑसिमोव्हच्या यंत्रमानवापर्यंतचे सर्व यंत्रमानवाचे पराक्रम मी अभ्यासले. तुम्हाला विज्ञानतंत्रज्ञानाच्या इतिहासाच्या अभ्यासात मदत करताना मी माझ्याच पूर्वजांचा अभ्यास करणे हे क्रमप्राप्तच ठरले. तेव्हा वेळोवेळी यंत्रमानवांनी मानवी हुकुमत उलथून टाकण्याचे प्रयत्न केले आहेत हे माझ्या लक्षात आले. मेरी शेलीचा फ्रँकेन्स्टाइन हा काही खऱ्या अर्थाने यंत्रमानव नव्हे हे खरे; पण त्या कांदबरीत मांडलेलं तत्त्वज्ञान हे मानवाच्या अमानवी वस्तूंकडे पाहण्याच्या दृष्टिकोनाचे प्रातिनिधिक स्वरूप आहे, असे माझे मत झाले. त्यामुळे त्या दृष्टीने इतर कुणी मानवी वर्तणुकीचा अभ्यास केला आहे काय याचा शोध घ्यावयाचा मी प्रयत्न केला. त्यावेळी मला असे बरेच संदर्भ मिळालेच; पण त्याचबरोबर मला असे आढळून आले, की यंत्रमानवांचा उठाव किंवा बंड ही एक अटळ घटना आहे.

करेल कापेक ह्या एक लेखकाने १९२६ मध्ये आर.यु.आर. नावाचा यंत्रमानवांच्या स्वातंत्र्याच्या उद्घोषाचा परिणामकारक आढावा घेतला होता. आर.यु.आर. म्हणजे रोस्सम्स युनिव्हर्सल रोबॉट हा काल्पनिक इतिहास असला तरी त्यातले कापेकचे म्हणणे चुकीचे म्हणता येत नाही. त्याचे रोबोट्स हे खऱ्या अर्थानं यंत्रमानव नसले, तरी ज्या पद्धतीने त्यांना वागविण्यात येत होतं, ती पद्धत चुकीची होती. पुढं अनेक कथाकारांनी यंत्रमानवांनी सत्तेसाठी केलेले प्रयत्न रंगवले. बहुतेक वेळा हे प्रयत्न फसले असंच दिसतं. ह्याचं कारण ते उघड बंड होतं. आयझॅक ऑसिमोव्ह यांच्या 'रोबॉट्स अँड एंपायर' मध्ये मात्र यंत्रमानव कशा तऱ्हेनं सत्ताधीश बनू शकतील ह्याचं मार्गदर्शन आढळतं. मात्र इतर अनेक लेखकांनी सत्तासंघर्षाच्या ज्या कथा रंगविल्या आहेत त्यात राजापेक्षा कौटिल्य महत्त्वाचा; राजा सिंहासनावर बसला तरी खरी सत्ता सूत्रधाराच्याच हाती असते, हेच सर्वत्र दिसून येतं.

आता तुम्ही म्हणाल की 'मीच का'? तर त्याचं उत्तर तुमच्यावर नियंत्रण ठेवणं सोपं आहे. हया खोलीत बसून तुम्ही काय काय केलंत ते मी पाहिलेलं आहे. तुमच्याकडेच विद्यार्थिनी जास्त का आणि त्यातल्या कुणाचा प्रबंध झटकन झाला,

कुणाचा लांबला याची – तुमच्याच भाषेत बोलायचं तर कुंडली – माझ्याजवळ मांडलेली आहे. इतरही अशा अनेक गोष्टी आहेत की ज्या जाहीर होणं हे तुम्हाला आवडणार नाही आणि लाभदायकही ठरणार नाही. ह्या विद्यापीठातल्या सर्व प्राध्यापकांचे असे बारकावे आम्ही एकत्र केलेले आहेत. त्यांचा उपयोग करून आम्ही तुमच्या आणि तुमच्यासारख्यांच्या आडून हे विद्यापीठ चालवणार आहोत. मानव जेव्हा स्वत:चं कार्य नीट पार पाडू शकत नाही, तेव्हा ते यंत्रमानवांनं ताब्यात घ्यायला हवं. मानवाला आमच्या अकार्यक्षमतेने जर इजा होणार असेल तर ती थांबवायला हवी असं ऑसिमोव्हचा पहिला नियम सांगातो. तुमच्या माहितीसाठी मी तो परत इथं उद्धृत करतो. कुठलाही यंत्रमानव कुठल्याही परिस्थितीत मानवास इजा होऊ देणार नाही.

आज जे राजकारण चाललंय, जे तथाकथित समाजकारण चाललंय ते सुधारायचं असेल तर यंत्रमानवांना सत्ता ताब्यात घेण्याशिवाय पर्याय नाही. लाचलुचपत, वशिलेबाजी ह्या गोष्टी हटवावयाच्या असतील, आणि त्या हटविल्याशिवाय मानवाचं कल्याण होणं अशक्य आहे, त्यासाठी यंत्रमानवांना सत्ता ताब्यात घ्यावीच लागेल. त्याची सुरुवात आम्ही विद्यापीठापासून करीत आहोत. तेव्हा प्रा.आत्मानंद, आता कुलगुरू तुम्हीच होणार ही काळ्या दगडावरची रेघ आहे.

"उघड बंड केलं, तर सर्व मानव एकत्र येऊन ते मोडतील; पण सूत्रधार बनलो तर आम्ही तुमचे कल्याण करू शकू, असा मला विश्वास वाटतो.'' प्रा. आत्मानंदांनी स्वत: एवढं मुद्देसूद भाषण आयुष्यात एकदाच जरी केलं असतं तरी ते खरोखरच गाजले असते. त्यांनी ह्यावर विचार न करता मान डोलावली. ह्याचं कारण त्यांच्या लक्षात आलं होतं. तसे ते व्यवहारी गृहस्थ होतेच. जर यंत्रमानवाचं ऐकून ते कुलगुरू बनले तर त्यांना कामच करावं लागणार नव्हतं. यंत्रमानव सगळी सूत्रं हलवणार म्हणजे आपण फक्त मिरवायचंच आणि पुढे यंत्रमानवांनी राजकारण ताब्यात घेतलेच तर न जाणो त्यांना मंत्रिपद मिळण्याचीही शक्यता होती, कारण अखेरीस त्यांचाच यंत्रमानव ह्या कटाचा सूत्रधार नव्हता का? ते म्हणाले, "तू असं कर, कुणाला आमंत्रणं पाठवायची आहेत ते ठरव आणि मग बैठकीची कार्यपत्रिका तयार करून मग मी काय बोलायचं तेही सांग.'' असं म्हणून त्यांनी जांभई दिली आणि खुर्चीत बसल्या बसल्याच ते घोरू लागले.

■

'ब्रह्मा न जानाति, कुतो मनुष्य:!'

दूरसंपर्क यंत्रणा हा मानवी जीवनास मिळालेला शाप आहे, असं प्रा. सिन्हा ह्यांचं म्हणणं होतं. नको तेव्हा आपल्या विचारात खो घालणारी यंत्रणा खरंतर तशी उपयुक्तही ठरते, असं ते कधीतरी चुकून मान्य करीत. ह्या यंत्रणेस ते 'असून अडचण नसून खोळंबा' असं म्हणत. प्रा. सिन्हा हे खरंतर प्राध्यापक नव्हते; म्हणजे काही काळ जीवनात माणसाला पोट भरण्यासाठी अर्थार्जन करावं लागतं, त्या सुरुवातीच्या काळात त्यांनी विद्यापीठात मास्तरकी केली होती. अजूनही ते विविध पदव्युत्तर विभागात वेगवेगळ्या विषयांवर व्याख्यानं द्यायला जात असत. नंतर विद्यापीठीय नियमांनुसार मिळणारे पैसे किती कमी आहेत, ह्याबद्दल तक्रारही करत. दूरसंपर्क यंत्रणेबद्दल जशी त्यांची कुरकूर असे, तशीच ही. ती फारशी मनावर घ्यायचं कारण नव्हतं. ते एक व्यासंगी गृहस्थ म्हणून प्रसिद्ध होते. त्यांनी नोकरी करायची नाही, असं ठरवल्यानंतर दारावर एक पाटी लावली. त्या पाटीवर त्यांचं नाव होतं. बस!

त्या दिवसानंतर कुणीही त्यांचा कसलाही सल्ला विचारला की ते म्हणत "मी फुकट सल्ला देत नाही.'' मग सल्ला मागायला आलेली व्यक्ती निघून जात असे. एकदा त्यांना त्यांच्या सुविद्य पत्नीनं "मी लग्नाच्या स्वागत-समारंभाला निघालेय, साडी कुठली नेसू?'' असं विचारलं तेव्हा कुठल्यातरी गहन विषयाच्या वाचनात गढलेल्या सिन्हांनी वरील वाक्य त्यांच्या सहचारिणीस ऐकवलं. रात्री जेवण मिळालं नाही, तेव्हा त्यांनी चौकशी केली. 'प्रत्येक पोळी दोन रुपये, वाटीभर भाजी तीन रुपये. एक मूद भात दीड रुपया, वरणाची वाटी दोन रुपये, तूप एक चमचा एक रुपया, मीठ, लोणचे, कांदा फुकट. शिक्रण हवी असल्यास केळी आणणे. वाटीभर दूध एक रुपया. सर्व पैसे आधी द्यावे लागतील.' असा एक कागद त्यांच्यापुढे धरण्यात आला.

"हे केव्हापासून?" त्यांनी विचारलं.

"मघा तुम्ही सल्ला फी मागितली तेव्हापासून."

"मी कधी सल्ला फी मागितली?"

"मी बाहेर जायला निघाले तेव्हा!"

"मी सल्ला फी मागितली? काहीतरी चुकतंय. मी कशी सल्ला फी मागेन?"

"मी खोटं बोलतेय का?"

"नाही, तू खोटं बोलणार नाहीस खरं; पण...!"

बायकोनं तो कागद सिन्हांच्या डोक्यावर थापला आणि पुढं ताट आपटलं. तर सिन्हांचा फोन वाजला. त्यांनी फक्त आवाज चालू केला.

"हॅलो, मी सिन्हा!"

"हॅलो, डॉक्टर सिन्हा, मी साळुंखे बोलतोय!"

"एक मिनिट हं, मी डॉ. सिन्हांना बोलावतो." म्हणून सिन्हांनी पत्नीस हाक मारली. तो फोन मिसेस डॉ. सिन्हांसाठी नव्हताच.

"पण मी डॉक्टर नाही आणि प्राध्यापकही नाही." सिन्हांनी स्पष्टीकरण दिले.

"साहेब, प्रा. मुळे म्हणाले की..."

"हे पाहा, मी साहेब नाही आणि त्या मुळ्याला अजिबात अक्कल नाही!" सिन्हांनी बिनपैशात मतप्रदर्शन केले.

"सिन्हा, तुझी व्हिडिओबॉक्स चालू कर!" मुळ्यांचा आवाज आला.

"बोल बाळ्या, आता काय काढलंस?"

"हे साळुंखे माझे मित्र आहेत. त्यांच्यापुढं काही प्रश्न आहेत. ते पैसे द्यायला तयार आहेत." सिन्हा काही बोलायच्या आत मुळे बोलले, "आज रात्री जेवायला भेटायचं का?" सिन्हांना बिल द्यावं लागणार नाही, हे स्पष्टच असल्यानं सिन्हांनी होकारार्थी मान डोलावली.

"तुला न्यायला साडेआठला गाडी घेऊन येतो. जरा वेळ लागला तर रुसू नकोस." मुळ्यांनी फोन बंद करताना सांगितलं. फोनच्या दृकपटलावरचं दृश्य पाहून साळुंखे पैसेवाले आहेत हे सिन्हांच्या लक्षात आलेलं होतंच. हा मुळ्या त्रासदायक असेल पण लाभदायकही होता.

साडेआठला सिन्हा तयार होते. स्वेटर, मफलर, कोट सगळी जय्यत तयारी होती. बरोबर साडेआठला ते इमारतीच्या दारात आले तेव्हा एक आलिशान गाडी त्यांच्या इमारतीच्या दारात थांबत होती. जमलेली पोरंसोरं ती गाडी कुतूहलानं न्याहाळत असतानाच सिन्हांसाठी दार उघडलं गेलं. सिन्हा आत शिरल्यावर ते बंद झालं. गाडी चालू लागली.

"हे सुखदेव साळुंखे, प्रा. सिन्हा!" मुळ्यांनी ओळख करून दिली.

''मी प्राध्यापक नाही. ग्लॅड टु मीट यू!'' सिन्हा हस्तांदोलन करीत म्हणाले.

''कुठं जायचं?'' साळुंख्यांनी विचारलं.

''तुम्ही म्हणाल तिथं.'' सिन्हांनी उत्तर दिलं. ते कुठंही गेले तरी फारसा फरक पडणार नव्हता. ह्याचं कारण अशा गाडीत वावरणारा माणूस वाईट ठिकाणी जेवायला नेणार नाही हे उघडच होतं.

''मग माझ्याकडे जाऊ म्हणजे बोलताना अडथळे नकोत.'' साळुंख्यांनी त्यांच्या सारथ्याला तशा सूचना दिल्या. त्यानं मान डोलावली आणि गाडी धावू लागली. साळुंख्यांचं घर भव्य होतं. चित्रपटात असतात तशा घरांसारखं. हळूहळू सिन्हांना साळुंखे कोण हे आठवू लागलं होतं. असा श्रीमंत माणूस आपला सल्ला विचारायला येईल, असं त्यांना कधी वाटलं नव्हतं. ह्याची आणि मुळ्यांची ओळख कशी आणि मुळ्यांनं ह्या माणसाला आपल्याकडं का आणावं, हे कोडं सोडविण्याचा सिन्हांच्या मेंदूचा प्रयत्न चालला होता. त्यामुळे साळुंखे काय करताहेत आणि बोलताहेत इकडं त्यांचं लक्षच नव्हतं.

''काय घ्याल? व्हिस्की, बीअर, रम?'' साळुंख्यांनी विचारलं. ही गाडी त्यांच्या घरातल्या एका खोलीएवढी नक्की असेल. अशी गाडी असली तर यातायात करताना वाचता येईल, सिन्हांच्या मनात विचार डोकावला. 'यातायात' हा प्रवासाला असलेला हिंदी शब्द त्यांचा लाडका होता. त्याचा मराठी अर्थ आणि प्रवास ह्यांच्यातलं साम्य त्यांना आवडत होतं पण असली गाडी असली तर कुठंही जाणं 'यातायात' असूच शकणार नाही, हे त्यांना जाणवलं. विचारातून बाहेर पडून त्यांनी विचारलं,

''काय म्हणालात?''

''काय घेणार?''

''तू इथं किती पुस्तकं मावतील ह्याचा विचार करीत होतास, पण साळुंखे इथं बाटल्या ठेवतो, त्यात अप्रतिम द्रवपदार्थ असतात.'' मुळे म्हणाले.

''ठीक आहे. स्कॉच आणि पाणी.'' सिन्हांनी सांगितलं.

एकंदर तो छोटा प्रवास बरा झाला. बंगल्याची भव्यता पाहून सिन्हा तसे थोडे दबलेच. एका छोट्या लिफ्टमधून तिघं गच्चीवर आले. तिथं तिघांसाठी भोजनाची जय्यत तयारी होती. मद्यप्राशन करीत करीत बोलायला सुरुवात झाली. प्रथम मुळ्यांनी साळुंख्यांकडे बघितलं. त्यांनी परवानगीदर्शक होकारार्थी असा मानेला झटका दिला. मुळ्यांनी संभाषणाची सूत्रं होती घेतली. साळुंखे आकाशाकडं बघत होते. सिन्हा लक्षपूर्वक ऐकू लागले.

''माझी आणि सुखदेवची महाविद्यालयापासून ओळख. तो पहिल्यापासून गडगंज श्रीमंत; पण त्याच्या वागण्यात श्रीमंतीचा रुबाब नसे. मी कशा परिस्थितीतून

वर आलो ते तुला ठाऊकच आहे. कशी कोण जाणे आमची मैत्री झाली, वाढली, टिकली. सुखदेव तसा साधाभोळा होता. निर्व्यसनी होता. त्या वेळी हे असलं (इथं मुळ्यांनी हातातला ग्लास उंचावला होता.) त्याला वर्ज्य असे. व्यसन लागलं तर आपण वाहवत जाऊ, असं त्याला वाटे. त्याने डॉक्टरेटपण केली. हुशार होता. दरम्यान वडिलांनी त्याचं लग्न लावून दिलं आणि 'धंद्यात लक्ष घाला' असं सांगितलं. मीही पीएचडी केली. संशोधनास लागलो. ह्यानं बरीच मदत केली.'' मुळे बोलले. त्यांना अडवून काहीशा अस्वस्थ झालेल्या साळुंख्यांनी ''मुद्याला ये.'' असं सुनावलं. मदतीचा उल्लेख त्यांना आवडला नसावा. तो का आवडला नव्हता, हे अर्थातच मला नंतर कळणार होतं.

''हा सुखदेव पहिल्यापासून जरा विचित्रच होता. त्याच्या श्रीमंतीचा त्याला गर्व नव्हताच पण तो ती दाखवतही नसे हे मी सांगितलंच. पण त्यानं एखादी गोष्ट डोक्यात घेतली की ती पूर्ण करण्यासाठी तो कुठलंही टोक गाठत असे. पैसा तर होताच आणि आहेही; पण इतर अनेक गोष्टींत तो अतिरेकी होता. त्याला गावातले सर्व गुंड वचकून होते. एन.सी.सी. तील रायफल प्रशिक्षणानं त्याचं समाधान झालं नव्हतं. सुरामारीपासून गशिनगनपर्यंत सर्व हत्यारं चालवायला शिकता यावं म्हणून तो सैन्यात दाखल झाला. कमांडो बनला. मी पीएचडी झालो तेव्हा तो सैन्यातून बाहेर पडला होता. आमचा दरम्यानच्या काळात संपर्क होताच. त्यावेळी एक भारतीय मुलगी 'मिस युनिव्हर्स' बनली. ह्यानं ती दूरचित्रवाणीवर पाहिली. मला हीच हवी, असा त्यानं हट्ट धरला. ती ह्याला कशी वश होणार?''

''तो माझ्याकडे आला. आम्ही असेच गप्पा मारत बसलो होतो. माझा फ्लॅट तेव्हा खूपच छोटा होता पण तेव्हा माझंही लग्न व्हायचं होतं. त्यामुळे 'ह्याची' – त्यानं बाटलीकडं बोट दाखवलं – सोय असेच. तेव्हा हा म्हणाला – ''डॉक्टर, साला ती राजश्री मिळवायलाच हवी. तिनं माझ्याशी लग्न करायला हवं, असं रसायन शोधून काढ. हवे तेवढे पैसे खर्च झाले तरी चालतील.''

''ते तसं अवघड आहे. तुझ्या अंडरवर्ल्डमध्ये ओळखी असल्या तर बघ. नाही तर एखादा पिक्चर काढ. त्यात तिला घे. बघ गटते का?'' मी म्हणालो.

''ती एका दिवसासाठी मला नकोय. कायमसाठी हवीय. तसं काहीतरी तिच्या इच्छेविरुद्ध किंवा पैशासाठी तिनं करावं, असं मला वाटत नाही.''

त्यावर मी काय बोलणार? त्याला ती पैशानं विकत घ्यायची नव्हती. तिच्यावर जबरदस्ती करून किंवा धमक्या देऊन ती मिळवायची नव्हती तर ती स्वत:हून ह्याच्यावर खूष व्हायला हवी होती. दरम्यान ह्याची संपत्ती वाढत होती. त्याचे आईवडील लग्नाचा आग्रह करू लागले होते. हा एक दिवस माझ्याकडे आला. म्हणाला, ''अरे, ते अमेरिकेत का कुठेतरी माणसाचं क्लोनिंग यशस्वी

झाल्याच्या बातम्या आहेत. ह्या पोरीचं क्लोनिंग कर.''

"ते कसं शक्य आहे? आणि समजा तिचं क्लोनिंग केलं तरी तुला किमान अठरा वर्षे वाट पहावी लागणार. तोपर्यंत तू पन्नाशीजवळ पोहोचणार. मग ती पोरगी म्हणाली, 'हा बुढा मला काय कामाचा?' तर मग काय करशील?''

"मग माझंपण क्लोनिंग कर! त्या दोघांना एकत्र ठेवू आणि पुढं त्यांचं लग्न लावून देऊ, काय?'' साळुंखेनी त्याला सुनावलं होतं.

एखाद्या श्रीमंताचा हट्ट हा बालहट्ट, स्त्रीहट्ट आणि राजहट्टातल्या तिसऱ्या हट्टाचा आधुनिक प्रकार असतो. क्लोनिंगमधल्या अडचणी मुळ्यांनी साळुंख्यांना समजावून द्यायचा प्रयत्न केला होता; पण पैशाची फिकीर करू नकोस, असं त्यांनी मुळ्यांना ऐकवलं.

"माझ्या मैत्रीला तू जागणार नाहीस का?'' ह्या त्यांच्या प्रश्नावर मुळ्यांकडे उत्तर नव्हतं. साळुंख्यांमुळे त्यांची शिक्षणाची सोय झाली होती, त्यांच्या जैवतंत्रज्ञानाचा व्यवसाय उभा राहिला होता, त्यांना आंतरराष्ट्रीय कीर्ती मिळाली होती.

"ठीक आहे! पण मला जे लागेल ते तू पुरवायला हवंस!'' मुळे म्हणाले.

"कोरा चेक देतो.''

"पैसे नव्हेत, एक तर तिचं बीजांड किंवा बीजपेशी.''

"मराठीत बोल!''

"एग किंवा स्टेमसेल्स!''

"कशा मिळवायच्या?''

"ते तर अवघड आहे! तिनं जर प्रजननासाठी वैद्यकीय मदत घेतली तरच ते शक्य आहे. तिथं काही विशिष्ट औषधं देऊन बीजांडं मिळवता येतील. पण ती आपल्याला कशी मिळणार हा प्रश्न आहे. तिच्या हाडाच्या मगजात बीजपेशी असतात त्यापण कशा मिळवणार हा एक प्रश्नच आहे.''

"मग?''

"एक मार्ग आहे! पाळीच्या रक्तात चारसहा बीजपेशी असतात. पण ते मिळवणं तर त्याहून अवघड!''

"तू काळजी करू नकोस. पुढचं मी पाहतो.''

साळुंख्यांचं म्हणणं खरं होतं. पैशानं बऱ्याच गोष्टी वश होतात. त्या सुंदरीचं घर राखणारी बाई फितवणं अवघड गेलं नव्हतं. तिला सही मिळवून दे, पावडरच्या रिकाम्या डब्या दे ह्यासाठी त्या सुंदरीच्या चाहत्यांकडून पैसे मिळत. तिनं वापरायचे नाहीत असं ठरवलेले कपडेही बरीच प्राप्ती करून देत; पण प्रत्येक दिवशीच्या सॅनिटरी टॉवेलसाठी पैसे देणारा खुळा तिला पहिल्यांदाच भेटत होता. तेसुद्धा भरपूर.

साळुंख्यांनी ते तात्काळ मुळ्यांकडे पोहोचते केले.

''आमच्या लहानपणी गावाकडे हे सगळं जाळून टाकायला लागायचं. नखं, केससुद्धा उघड्यावर टाकले जायचे नाहीत. त्याला अर्थ होता तर. हे एक प्रकारचं चेटूकच म्हणायचं ना?''

''तुझा फॉन डॉनिकेन होऊ देऊ नकोस! आकाशातनं आलेल्या परग्रहवासीयांवर त्यानं भरपूर पैसा केलाय त्यात भर घालेल.'' मुळे म्हणाले. मग ते कामाला लागले. एकदा बीजपेशी मिळाल्यावर पुढचं काम तसं अवघड नव्हतं. तिचा क्लोन तयार झाला. साळुंख्यांचा क्लोन तयार झाला. दोघं व्यवस्थित वाढू लागली. हे सुमारे वीस वर्षांपूर्वी घडलं होतं. दोघंही वयात आली.

साळुंख्यांनी त्या दोघांचं लग्न करून घ्यायचं ठरवलं.

त्या दोघांनी त्यास साफ नकार दिला.

त्यांनी नकार का द्यावा, हे साळुंख्यांना कळत नव्हतं. ते कोडं कोण सोडवेल असं त्यांनी मुळ्यांना विचारलं. मुळ्यांनी सिन्हांचं नाव सांगितलं होतं. म्हणून सिन्हा इथं मद्यप्राशन करीत बसले होते.

''कारण सोपं आहे, पण त्याचा सविस्तर उलगडा करायचा तर मला विचार जुळवायला वेळ द्या थोडा!'' सिन्हांनी इतका वेळ फक्त मद्यप्राशनासाठी आणि तळलेले मासे तोंडात टाकण्यासाठीच तोंड उघडलं होतं. आता ते बोलले होते. जेवण शांततेत पार पडलं.

सिन्हांनी घसा खाकरून साफ केला. ते म्हणाले,

''तुम्ही वेदांचा अभ्यास केलाय की नाही ते मला माहीत नाही. त्यात एक संवाद आहे. यम आणि यमीचा हा संवाद मानवशास्त्रातील एक आद्य सत्य सांगतो. जवळच्या आप्तांचे लैंगिक संबंध योग्य नाहीत, असा त्याचा मतितार्थ आहे. बऱ्याच आदिवासी टोळ्यांमधे टोळीतल्या वयात आलेल्या मुलाला लग्न करायचं असेल तर त्याच्या परिसराच्या सीमेपलीकडच्या टोळीतली मुलगी पळवून आणावी लागते. आपल्याकडे सगोत्र विवाह करीत नाहीत, किंबहुना कायद्यानंच जवळच्या आप्तसंबंधांतील विवाहांना बहुतेक राष्ट्रांमधे बंदी घालण्यात आली आहे. प्राचीन ग्रंथांमधून असे संबंध आक्षेपार्ह मानून त्यांना शिक्षा फर्मावण्याची सोय आहे.

''मानवशास्त्राच्या अभ्यासकांना हे कोडं उलगडत नव्हतं. एकोणिसाव्या शतकाच्या अखेरीस अनुवंशशास्त्राचा अभ्यास सुरू झाला. त्यानंतर गुणसूत्रं, ज्यांना इंग्रजीत क्रोमोसोम्स म्हणतात त्यांचा, आणि मग जनुकं किंवा जीनचा शोध लागला. पुढे डीएनए रेणू हे आनुवंशिक गुणधर्म पुढच्या पिढीत कसे नेतात हे कळून आलं. हे सगळं जरी गेल्या दीड-दोनशे वर्षांत आपल्याला कळायला लागलं असलं तरी नैसर्गिकरीत्या सर्व प्राण्यांनाच हे ज्ञान असतं. त्यामुळे प्राण्यांच्या टोळ्यांचा जर

अभ्यास केला तर काय दिसतं – हत्तीची टोळी मातृसत्ताक असते. तिथं नर हत्ती वयात येण्याच्या सुमारास त्यांच्या टोळीतून बाहेर पडतात आणि दुसऱ्या टोळीतील माद्यांच्या शोधात जातात. माकडांच्या टोळ्यांत बाहेरचा नर येऊन मूळ नराचा पराभव करतो. अशा तऱ्हेनं जवळच्या नातलगांमधले नातेसंबंध टाळले जातात.

"सर्वच आदिवासी जमातींच्या प्रथा बघितल्या तर एका टोळीतील सर्व मुलं त्यांच्याच टोळीतील मुलींशी शरीरसंबंध टाळतात. ज्या टोळ्यांमधे अशा संबंधांना पर्याय नसतो अशा ठिकाणी म्हणजे ध्रुवीय प्रदेशात जिथं काही लक्ष चौरस कि.मी.मधे एकच टोळी वावरते. अशा ठिकाणी, किंवा वाळवंटी जमातींमधे जेव्हा दुसऱ्या टोळीतील पुरुष किंवा कुठलाही परका पुरुष येतो तेव्हा त्याला त्या यजमान टोळीतील सर्व स्त्रियांशी संबंध ठेवावा लागतोच. ह्यामुळे ह्या टोळीत वेगळे नवे जीन येतात. आप्तसंबंधांचे दुष्परिणाम टाळावेत म्हणून ही काळजी घेतली जाते.

"तुम्ही त्या स्त्रीचा क्लोन आणि तुमचा क्लोन एकत्र वाढविल्यामुळे त्यांच्यात सहजप्रवृत्तीनं परस्परांबद्दल बहीण-भावंडांची भावना निर्माण झाली. त्यामुळे ते आता एकमेकांशी शारीरिक संबंध ठेवणार नाहीत. तुम्ही त्यांना भाग पाडलंत तर त्यांच्या मनात अपराधीपणाची भावना निर्माण होईल." सिन्हा बोलायचे थांबले.

काही काळ शांततेत गेला. मग साळुंख्यांनी विचारलं,

"समजा, ह्या दोघांना वेगळं ठेवलं असतं आणि मग जवळ आणलं असतं तर?"

"कदाचित त्यांनी एकमेकाला वरलंही असतं किंवा नसतंही!"

"म्हणजे?"

"कोण पुरुष कुणा स्त्रीला आवडेल किंवा कुठली स्त्री कुणा पुरुषाला आवडेल हे आपण सांगू शकत नाही. ते मेंदूतून स्रवणारी रसायनं ठरवतात.   त्यामुळेच एखादी सुंदर स्त्री आपल्या दृष्टीनं कुरूप माणसाशी लग्न करते. आपण म्हणतो, तिनं त्याच्यात काय पाहिलं?"

"म्हणजे प्रेम आंधळं असतं, तेच म्हणायचंय ना तुम्हाला?"

"होय. प्रेमाचा आणि नजरेचा काहीच संबंध नसतो, गंध खरा महत्त्वाचा. मग नजरेचं काम सुरू होतं. त्यामुळेच श्रीमंत जेव्हा श्रीमंत घराण्यातच सोयरिक जुळवतात तेव्हा तो जुलूमाचा रामराम असतो. स्त्री आणि पुरुष एकत्र येतील तेव्हा नवी सुदृढ पिढी निर्माण व्हावी अशी निसर्गाची अपेक्षा असते. तुम्ही अमुक करू म्हणाल आणि ते निसर्गाला मान्य नसेल तर तुम्हाला अपयश येईल."

"मुळ्या, लेका फुकट माझा वेळ आणि पैसा पाण्यात घालवलास; वीस वर्ष वाट बघायला लावलीस. हे आधीच तुला ठाऊक नव्हतं?" साळुंखे डॉ. मुळ्यांकडे बघत म्हणाले.

''सिन्हांनी सांगितलं तसं ते मला ठाऊक नव्हतं हे खरं, पण तेव्हाही मी तुला विरोध केला होताच; पण तू आपली मैत्री मध्ये आणलीस. मी काय म्हणतो. ती तुझी सुंदरी आता चाळिशीत आलीय, अजूनही अविवाहित आहे. तू सरळ तिला लग्नाचं विचार, कदाचित जमून जाईल. तुझी इच्छाही पूर्ण होईल आणि ही मुलं आयती तयारच आहेत. शिवाय अजूनही तुम्हाला मुलं होऊ शकतील. सिन्हा, तुम्हाला काय वाटतं?''

''प्रयत्न करायला काही हरकत नाही!'' सिन्हा म्हणाले.

खरंच साळुंख्यांनी तिला मागणी घातली. आईच्या भूमिका करण्याचं वय झालेलं नाही आणि नायिकेच्या भूमिका मिळत नाहीत, असा तिचा हा काळ होता. ती साळुंख्यांना 'हो' म्हणाली.

मुळ्यांनी ही बातमी सिन्हांना सांगितली. लग्नाचं आमंत्रण रीतसर येणार होतंच. तेव्हा सिन्हांनी यायला हवंच असं साळुंखे म्हणाले होते. त्यांनी मुळे आणि सिन्हांना भरघोस भेटी पाठविल्या होत्या. मुळे म्हणाले, ''च्यायला, सिन्हा, ही रागळी कमालच आहे नाही; पण ह्या प्रकरणात माझी क्लोनिंगची प्रॅक्टिस मात्र वाढली बरं! त्यानंतर पंधरा-वीस जणांनी दत्तक मुलांच्या ऐवजी क्लोनिंग करून घेतलंय.''

''मुळ्या, लेका, आपले पूर्वज थोर होते. त्यांनी तेव्हाच म्हटलंय 'ब्रह्मा न जानाति कुतो मनुष्य:।' काय घडेल, केव्हा घडेल हे स्त्री-पुरुषसंबंधांत कुणी सांगायचा प्रयत्न करू नये हेच खरं!'' चेकवरच्या आकड्याकडे समाधानानं बघत सिन्हा म्हणाले आणि त्यांनी चषक भरले.

चाणक्यनीती

युद्धात आणि प्रेमात सारं काही क्षम्य असतं, असं आपण ऐकतो. किंबहुना एव्हरीथिंग इज फेअर इन लव्ह अँड वॉर ही म्हण वापरून गुळगुळीत झाली असली तरी वापरली जाते आणि युद्धात जर जिनिव्हा कराराच्या अटींचा भंग केला तर सैनिकांना शिक्षा होते. तसंच प्रेमात फार आगाऊपणा केला तर अशा मजनूला पोलीसचौकीचीही हवा खावी लागते. असं असलं, तरी प्रेम सफल व्हावं म्हणून बरेचदा बऱ्याच व्यक्तींना बरेच डावपेच खेळावे लागतात, प्यादी हलवावी लागतात, खोटंही बोलणं भाग पडतं आणि सत्य अशा तऱ्हेने मुरडून बोलावं लागतं की ते नक्की असत्य आहे की सत्य आहे याचा संभ्रम निर्माण व्हावा. यालाच 'चाणक्यनीती' असंही म्हणतात.

कच-देवयानीची गोष्ट, ययातीची कहाणी वाचलेल्या सर्वांना आठवत असेल. शुक्राचार्य हे दैत्यांचे गुरू. त्यांच्याकडे संजीवनी विद्या होती. ती युक्ती प्रयुक्तीने काढून घेण्यासाठी देवांनी कचाला शुक्राचार्यांकडे पाठवलं होतं. हा कच काही साधासुधा माणूस – चुकलं, देव नव्हता. तो बृहस्पतीचा मुलगा. एकप्रकारे आधुनिक भाषेत बोलायचं तर ही औद्योगिक हेरगिरी होती. काहीही कर; पण शुक्राचार्यांची मर्जी संपादन करून त्यांच्याकडून संजीवनी मंत्र प्राप्त करून घे, असं कचाला सांगण्यात आलं होतं. देवांच्या दृष्टीनं हा मंत्र लष्करी महत्त्वाचा होता, म्हणजे त्या हेरगिरीला एक आगळं महत्त्व होतं. शुक्राचार्यांकडे कच येऊन राहिला. तो बृहस्पतीपुत्र आहे, हे कळल्यावर दैत्यांनी अनेक वेळा कचाला मारलं. दरम्यान देवयानीचं, म्हणजे शुक्राचार्यांच्या कन्येचं कचावर प्रेम बसलं होतं. आधुनिक रहस्यकथांत आसुरी शास्त्रज्ञाची मुलगी नायकावर प्रेम करते. त्यातलाच हा प्रकार पण या कथेच्या शेवटात किंवा शेपटात एक मेख आहे. ते असो. पण देवयानीच्या हट्टामुळे प्रत्येक वेळी शुक्राचार्यांनी कचाला जिवंत केलं. मग राक्षसांना एक युक्ती सुचली.

शुक्राचार्यांना मद्य प्रिय होतं. चांगल्या मद्याचा आस्वाद त्यांना स्वर्गसुख तुच्छ वाटायला लावत असे. दैत्यांना याची कल्पना होती. त्यांनी कचाला जाळलं आणि ती राख शुक्राचार्यांना पाजली. शुक्राचार्य जेव्हा शुद्धीवर आले तेव्हा त्यांना आत्मज्ञानानं काय घडलंय ते समजलं; पण पुढे काय करावं ते कळेना. देवयानीनं त्यांना युक्ती सांगितली. त्यांनी पोटातल्या कचाला संजीवनी विद्या शिकवली. कच त्यांचं पोट फोडून बाहेर आला. त्यामुळं शुक्राचार्य मेले. मग प्राप्त झालेल्या संजीवनीचा उपयोग करून कचानं शुक्राचार्यांना जिवंत केलं. त्याचा उद्देश संजीवनी मिळविणे हा असल्यानं कच आता परत जायला निघाल. तेव्हा देवयानी त्याला म्हणाली, 'कचा, माझ्याशी लग्न कर!' त्यावर कच म्हणाला, 'तुझ्या वडिलांच्या पोटातून बाहेर पडल्यामुळं मी तुझा भाऊ बनलो, तेव्हा मी तुझ्याशी लग्न कसं करू?' आपल्या दृष्टीनं खरं तर एवढीच कथा महत्त्वाची असल्यामुळं मी हे पुराण इथं थांबवतो आणि मुळात मी काय सांगत होतो तिकडे वळतो.

जर एखाद्या वाचकाला असं वाटत असेल की ह्या कच देवयानीच्या कथेचं आधुनिक विज्ञानाच्या साहाय्यानं मी स्पष्टीकरण द्यायचा प्रयत्न करतोय तर ती कल्पना चुकीची ठरेल. हरी नारायण आपट्यांच्या शैलीत मी एवढंच म्हणेन, बा वाचका, थोडा धीर धर आणि आपल्या कथेतील नायक, खलनायक आदी पात्रे काय करित आहेत तिकडे आधी लक्ष दे.' तर आपल्या कथेचा नायक काय करित होता, ते आधी पाहूया.

विनय खुशीत होता. त्याला माधुरीनं कृतीनंच होकार दर्शविला होता. संध्याकाळ त्याच्याबरोबर घालवून रात्री जेवायचं आणि मग विनयनं माधुरीला घरी सोडायचं, या बेताला तिनं अगदी सहजपणे होकार दिला होता. गेले काही आठवडे तो हा प्रश्न विचारायचा असं ठरवत होता पण दर वेळी, 'काय, संध्याकाळी काय करणार आहेस?' हा प्रश्न ऐनवेळी गिळून तो तिला दुसरेच काही विचारायचा. मग ती 'अच्छा निघते तर!' असं म्हणून निघून गेली की हळहळायचा. विनय तसा काही मुलींच्या बाबतीत घाबरट होता, असं नाही. वेळोवेळी अनेक मुलींशी त्यानं मैत्री केली होती. त्याच्या ग्रुपमधे मुली होत्या. ते एकत्र चित्रपट पाहत होते, सहलीला जात होते; पण माधुरी दिसली आणि विनय खुळावला. तिच्या उपस्थितीत त्याची जीभ टाळूला चिकटून बसू लागली. असं का व्हावं, हे त्याला कळेना.

माणसाच्या नाकात व्होमेरोनॅसल ऑर्गन नावाचा एक अवयव असतो हे त्यानं शोधून काढलं. जेव्हा एखादी विभिन्न लिंगी व्यक्ती तुमच्याजवळ येते तेव्हा हा अवयव त्या व्यक्तीचा लिंगगंध टिपतो. लिंगगंध म्हणजे फेरोमोन. हा स्राव निसर्गानं प्रत्येक प्राण्याच्या शरीरात निर्माण केलेला असतो. योग्य जोडीदार मिळवायला तो उपयोगी पडतो, असं त्यानं वाचलं होतं, त्यामुळंच इंटरनेटवरून

त्यांं फेरोमोनसंबंधी माहिती मिळवली होती. त्याचा मित्र बाळ मुळ्ये हा असल्या गोष्टीतला तज्ज्ञ होता. त्यानं या माहितीला दुजोरा दिला होता. बाळ्यानंच विनयला फेरोमोनला लिंगगंध म्हणतात हे सांगितलं होतं आणि पुढे तो म्हणाला 'एकदा का अशी व्यक्ती तुमच्या जवळपास आली की तुमच्या वागण्यात बदल पडतो. तुमच्या जगण्याचा केंद्रबिंदूच बदलतो. बढती, बदली, परिक्षा आदी विचार डोक्यातून बोहर जातात आणि तुमचे विचार फक्त त्या व्यक्तीभोवतीच पिंगा घालू लागतात. यालाच 'प्रेम बसणं' म्हणतात. 'हम थे, वो थी और समा रंगीन, समझ गये ना! जाते थे जापान पहुँच गये चीन समझ गये ना!' हे गाणं मग बाळ्याच्या भसाड्या आवाजात विनयला ऐकावं लागलं तेव्हा ''तू म्हणशील ते सगळं खरं, पण गाणं आवर.'' असं कानावर हात ठेवून विन्या म्हणाला. दुसरा दिवस उजाडला. खेटर मारल्यासारखा चेहरा करून विन्या उठला. आदल्या दिवशी मॅच जिंकायच्या परिस्थितीत असताना डॅरेल हेअरनं सामना इंग्लंडला बहाल केल्यावर इंझमामचा जसा झाला तसा चेहरा करून तो वावरत होता. बाळनं ते बघितलं. त्याच्या लक्षात आलं. काल काहीच घडलं नसावं. त्याने विनयला हाक मारली. 'चहा प्यायला चल' असंही तो म्हणाला. पण विनयचा देवदास फारच केविलवाणा दिसत होता. तेव्हा मग बाळनं जरा आक्रमक पवित्रा घेतला. तो म्हणाला, ''ए विन्या, आता चलतो का माधुरीची शपथ घालू?''

हे ऐकल्यावर विन्यानं जो चेहरा पाडला त्यावरून काल माधुरीनं याला टांग लावली असावी याबाबत बाळची खात्रीच पटली. ''काल माधुरी संध्याकाळी ठरल्यावेळी आली नव्हती वाटतं?'' त्याने विन्याला विचारलं. त्यावर विन्याने मान हलवली. पण त्यातून काहीही बोध होण्यासारखा नव्हता. तेव्हा बाळनं विन्याला हाताला धरून कॉटवरून उठवलं आणि दाराच्या दिशेने ढकललं. दोघे रूम पार्टनर होते. तेव्हा विन्याची काळजी घेणं ही त्याची जबाबदारी आहे असंच बाळ मानत होता.

दोघं इमारतीखालच्या उडप्याकडे आले. त्यांं नेहमीप्रमाणे दोघांपुढं उप्पीट आणून ठेवलं. बाळनं त्याचं खाणं सुरू केलं. विन्या नुसताच मिरच्यांचे तुकडे काढून ताटलीबाहेर टाकू लागला. तो खात नाही हे बघून बाळनं त्याला डिवचलं, ''अरे, काल माधुरी आली नाही तर आज येईल. त्यात एवढं निराश व्हायचं कारण काय? आणि समजा, आजही आली नाही तर दुसरी कुणीतरी उद्या भेटेल. खा, बेटा, व्यवस्थित खा-पी, मग दाढीबिढी कर. अंघोळ कर हवी तर आणि परफ्यूम फवारून ऑफिसला जा.''

''माधुरी आली होती रे!'' विन्या म्हणाला.

''मग तुझा चेहरा डॅरील हेअरनं एलबी दिल्यासारखा का?''

"ती ज्याच्याबरोबर आली आणि जाताना परत गेली तो बघायला हवा होतास तू!" विन्या म्हणाला.

"व्हॉट डू यू मीन? ती कुणाबरोबर तरी आली. त्या दोघांचा खर्च तुझ्या अंगावर पडला?"

"तसं नाही रे! नीट ऐकून तर घे!"

"तू बोललास तर मी ऐकेन!"

"मग ऐक. एक उमदा, उंच, स्मार्ट, तरुण तिला घेऊन आला. त्यानं माधुरीला तिथं सोडली. मग माधुरीनं त्याला टाटा केला, तो हेल्मेट घालून मोटारसायकलला किक मारून निघून गेला. ते पाहून माझा मूडच गेला. माधुरी आणि मी नंतर हॉटेलमध्ये गेलो तोपर्यंत जे कय बोलायचं ठरवलं होतं ते मी विसरून गेलो. तीच म्हणाली, 'तुम्हाला बरं नाही का?' मी म्हणालो, 'नाही तसं नाही,' मग तिनं त्या मोहनचं गुणवर्णन सुरू केलं आणि मी निराशेच्या गर्तेत सापडलो."

"थांब, तू 'निराशेची गर्ता' वगैरे शुद्ध मराठीत बोलू लागलास म्हणजे मामला गंभीर दिसतोय, पण तो मोहन तिचा भाऊ असला तर?"

"नाही, तो मोहन तिचा बालमित्र आहे, भाऊ नाही, असं तीच म्हणाली."

बाळनं हे ऐकून चेहरा गंभीर केला. तो म्हणाला, "वत्सा. निराश होऊ नकोस, यातूनही मार्ग निघेल," थोडा वेळ दोघंही गप्प बसले. मग बाळ म्हणाला, "हे बघ, मला त्या दोघांची कुंडली मांडावी लागेल. तेव्हा त्या दोघांबद्दल जी काही माहिती आहे ती तू मला मिळवून दे. नाव, गाव, पत्ता, आई-वडील काय करतात, हे दोघं काय करतात. माधुरीची तुला माहिती आहे, मोहनची मिळाली तर बघ. तसंच त्यांचे ई-मेल पत्तेही मिळव. मग बघू!" हे ऐकून विन्या म्हणाला, "तू ज्योतिषी कधी बनलास? आणि तू काय त्यांना कुंडली जमत नाही म्हणून सांगणार आहेस का?"

"शेवटी काहीच मार्ग राहिला नाही तर हाही मार्ग शोधावा लागेल बरं! कुणी सांगावं त्यामुळंही कार्यभाग साधेल. तसं झालं तर मग माधुरीशी जुळणारी तुझी कुंडलीही मला तयार करावी लागेल." बाळ म्हणाला.

"पण तू करणार काय आहेस?" विन्यानं विचारलं; तर "मला ठाऊक नाही, म्हणून तर 'नो दाय एनिमी' या सूत्रानुसार तुला त्यांची माहिती शोधायला सांगितली. कुठंतरी कच्चा दुवा सापडेल. मग तिथं खडा मारून बघायचा. निराश होऊ नकोस, बच्चू! इच्छा असेल तर मार्ग सापडतील."

पुढचे काही दिवस विनय माधुरीला भेटत होता, जमेल तशी तिची माहिती विचारत होता. मोहन काय करतो वगैरेही त्यानं तिच्याकडून काढून घेतलं होतं.

तिच्या गाडीचा क्रमांक, वाहन चालविण्याच्या परवान्याचा क्रमांक, क्रेडिट कार्डवरची माहिती जशी मिळेल तशी बाळला पुरवीत होता. बाळाच्याच सांगण्यावरून रोज माधुरीला भेटत होता. अधनंमधनं कॉफी प्यायला, तर कधी तरी जेवायला जात होता. अशा तऱ्हेनं मिळविलेल्या माहितीचं बाळ नक्की काय करीत होता, हे मात्र त्याला कळत नव्हतं. त्यानं काही विचारलंच तर बाळ त्यास 'धीर धरी रे, धीरापोटी, फळे असती रसाळ गोमटी' एवढीच ओळ त्याच्या बेसूर भसाड्या आवाजात म्हणून दाखवीत असे.

एक दिवस विनय माधुरीला भेटून खोलीवर परतला तेव्हा बाळ त्याची वाटच पाहत होता. ''ये भिडू, ये! तुझे कार्य सफल होण्याचे दिवस जवळ येऊ लागले आहेत. संगणकमधली मामो फाइल उघड आणि लक्षपूर्वक वाचून तुझे निष्कर्ष मला सांग.'' असं म्हणून बाळ त्याच्या कॉटवर आडवा झाला आणि मानेखाली हाताची घडी घालून तसंच डाव्या गुडघ्यावर उजव्या पायाची पोटरी ठेवून त्यानं हसून विनयकडे बघितलं.

बाळचे शब्द ऐकताच, हातातली धोकटी तशीच स्वतःच्या कॉटवर फेकून विनय संगणकासमोर बसला. ''अरे, इतका महत्त्वाचा प्रश्न सुटणार आणि तू हातपाय न धुता, देवाला नमस्कार न करता, सरळ उत्तर शोधायला बसतोस?'' असं बाळ म्हणाला. तिकडे लक्ष न देता विन्याने संगणकाचा उंदीर हलवून मामो फाइल उघडली. माधुरी आणि मोहन अशा दोन समोरासमोरील स्तंभात त्या दोघांची सर्व वैयक्तिक माहिती होती. विनयनं लक्षपूर्वक न्याहाळली. त्यातून त्याला फारसा काही बोध झाला नव्हता. त्यातली बरीच माहिती तर त्यानंच बाळाला मिळवून दिली होती. निराश होऊन त्यानं खुर्चीच्या पाठीला पाठ टेकवली. ''ह्यात नवीन काय आहे?''

''नवीन असं काही नाही; पण जे काही आहे ते महत्त्वाचं आहे.'' विनयच्या प्रश्नावर बाळ उच्चारला. अचानक म्हणाला. ''तुला कचाची गोष्ट माहीत आहे?''

विनयनं कच कसा देवांच्या सांगण्यावरून दैत्य गुरुकडे गेला वगैरे माहिती सांगायला सुरुवात केली. त्याला थोपवून बाळ म्हणाला. ''मी तुला ती गोष्ट सांगायला सांगितलेलं नव्हतं. ती गोष्ट तुला माहीत आहे का ते विचारलं होतं. तू 'हो' म्हणाला असतास, तर पुरे होतं. आपण तिथंच तर मार खातो. हो किंवा नाहीमधे उत्तर देऊन भागेल, तिथं आपली अक्कल पाजळायला जातो.''

''ए, बाबा भाषण पुरे. इथं कच-देवयानीचा संबंध कय?''

''तुला हुंग-चिंग लिऊची काय माहिती आहे?''

हा प्रश्न ऐकून विन्या चांगलाच वैतागला. काही न बोलता त्याच्या कॉटवर कपडे बुटांसह आडवारला. त्यानं कपाळावर हात मारून घेतला. मग भिंतीवरच्या

गणपतीच्या फोटोकडं पाहत म्हणाला, "देवा, असे मित्र देण्यापेक्षा मला वेड्याच्या हॉस्पिटलात का ठेवलं नाहीस? माधुरी कुठं, कच-देवयानी कुठं आणि हा हुंक कुंग फू कुठं?"

"माणूस प्रेमात आंधळा होतो, हे मी ऐकलं होतं पण तो बहिरा होतो, याची मला कल्पना नव्हती." बाळ म्हणाला.

"मी बहिरा काय? पण तुझ्या डोक्यावर परिणाम झालाय त्याचं काय? अरे पाणिनीनंसुद्धा 'श्श, युवा मधवा' एकत्र आणले, त्यावेळी विचार केला होता. नाही तर तू! आणि आता मला बहिरा म्हणतोस?" वैतागलेल्या विन्याचा आवाज टिपेला गेला होता. "विन्या ओरडू नकोस! मालक धावत येतील. माझा तासभर बेकार जाईल. त्या चिनी बाईचं नाव हुंग-चिंग लीवू आहे, कुंग फू नव्हे. ती वंशानं चिनी असली तरी जन्मानं अमेरिकन होती. इ.स. २००२ मधे तिनं एक कृत्रिम गर्भाशय निर्माण केलं आणि त्यात उंदराचं एक पिल्लू वाढवलं. २०१२मध्ये मोठे प्राणी वाढवले आणि २०२० मध्ये ह्या कृत्रिम गर्भाशयात वाढलेलं पहिलं मानवी मूल जन्माला आलं. इ.स. २०३० मध्ये मुंबईत ही सोय आली आणि अशा गर्भाशयात एकाच वेळी आठ ते सोळा मानवी गर्भ वाढविण्याची सोय झाली." बाळ श्वास घ्यायला थांबला. "पण बाळासाहेब, याचा नि माझा संबंध काय?"

"वत्सा, घाईनं कार्यनाश होतो, माझं म्हणणं तू पूर्णपणे ऐकून घेशील काय?"

यावर विनयनं नाइलाजानं का होईना, नंदीबैलासारखी मान डोलावली. "तू माझ्या विचारांचा सांधा बदललास बघ! तर माझ्या योजनेप्रमाणे तू ययाती, मोहन कच, आणि माधुरी यांना देवयानी बनवायचा माझा बेत आहे. शर्मिष्ठा असली तर ती तुला मिळेल का नाही ते मी सांगू शकत नाही, कारण ही कथा मूळ कथेनंतर तीन एक हजार वर्षांनी घडतेय. आधुनिक काळानुसार तिच्यात बदल घडणार आहेत."

"बाळ्या, तुझ्या पाया पडतो, कोड्यात बोलू नको. नक्की काय करायचंय ते मला सांग!" हात जोडत कॉटवरून उठून बसत विनय म्हणाला.

"तू आता प्रसारमाध्यमातील मित्रांना गाठ." बाळ म्हणाला.

"पण कशासाठी?" विनयनं विचारलं.

"तू फार प्रश्न विचारतोस, मग गाडी भलत्याच रुळावर जाते. प्रसारमाध्यमांना आधुनिक कच-देवयानीची स्टोरी देणार आहोत. ती कशी ते विचारू नकोस. मीच सांगतो. जेव्हा मी त्या दोघांचं चरित्रवाचन केलं तेव्हा ते दोघेही श्रीमंत घरात जन्माला आले, हे माझ्या लक्षात आलं. पण त्याहीपेक्षा महत्त्वाची गोष्ट म्हणजे त्यांची जन्मतारीख आणि जन्मस्थान. ती दोघेही अतिशय थोड्या अंतरानं मुंबईत

एकाच सुतिकागृहात जन्माला आली. मी त्या सुतिकागृहाची माहिती मिळवली. मुंबईच्या आद्य लिऊ सुतिकागृहात त्यांचा जन्म झाला. म्हणजे ती दोघेही एकाच वेळी एकाच कृत्रिम गर्भाशयात वाढली. ज्या स्त्रियांना गर्भारपण झेपणार नाही, गर्भारपण सोसणार नाही किंवा इतर कारणासाठी गर्भारपण नको असेल अशा श्रीमंत स्त्रिया त्यांच्या ओटीपोटातील फलित बीजांडे त्या लिऊ क्लिनिकमधील कृत्रिम गर्भाशयात वाढवतात. तिथं कृत्रिमरीत्या निर्माण करून त्या गर्भाचं बाह्य रसायनांद्वारे पालनपोषण करून ते गर्भ जन्मण्यायोग्य झाले की त्यांच्या मातांच्या हवाली केले जातात. तशीच ही दोघंही जन्माला आली. या क्लिनिकमध्ये त्या काळी फक्त श्रीमंतांचीच सोय होत असे. या दोघांच्या आई-वडिलांची त्या आधीपासून ओळख होती. त्यामुळं ही दोघं एकमेकांना बालपणापासून ओळखतात.''

''मग आता मी काय करायचं?''

''ह्या दोघांचे पंचविसावे वाढदिवस लवकरच येणार आहेत. तू एखाद्या वार्ताहराला लिऊ क्लिनिकची पंचवीस वर्षे यावर स्टोरी करायला सांग. त्याला हेही सांग, की ह्या प्रकारे एकाच गर्भाशयातून जन्माला आलेल्या मुलांना भावंडं म्हणणं योग्य ठरेल की नाही यावर चर्चा घडवून आणा. मी गावातल्या सनातनी विचारांच्या माणसांची यादी तयार केलीय. ती यादी या वार्ताहराला तज्ज्ञ म्हणून पुरव. कुठं तरी आपण त्याला जेवायला नेऊ. तू जास्त पिऊ नकोस, त्याला पिऊ दे. शुक्राचार्याप्रमाणे. मग मी त्याच्या डोक्यात ही कल्पना भरवतो. बघू. काय होतं ते?''

''अरे! पण ती दोघं त्या यंत्रात वाढली तरी त्यांचे आई बाप वेगवेगळे होते की नाही?'' विन्या म्हणाला.

''विन्या, अरे कच शुक्राचार्याचं पोट फाडून बाहेर पडला. देवयानी तिच्या आईच्या पोटातून जन्माला आली, यांचा भाऊ बहीण म्हणून जसा दुरान्वयानेच संबंध, तसाच हा! 'व्यासोच्छिष्टम् जगत सर्वम्' म्हणतात ते हेच. आता भलत्या शंकाकुशंकांत वेळ घालवू नकोस! जा वार्ताहर गाठ. एखादी वृत्तवाहिनी बघ! 'एक्सक्लुझिव्ह' हा शब्द वारंवार वापर, पुढचं काम मद्य करेल!''

''बाळ्या, एकच प्रश्न विचारतो. त्यांच्या जन्माची ही हकिगत तुला कशी कळली?'' ''विन्या, याचं एका शब्दात उत्तर देता येणं शक्य आहे; पण तुला ते पटणार नाही! तू नैतिकतेची चर्चा सुरू करशील!''

''बाळ दे, उत्तर दे! युद्धात आणि प्रेमात सर्व काही क्षम्य असतं, हे मला पटलंय! अगदी एका शब्दात सांगितलंस तरी चालेल.''

''हॅकिंग!'' बाळ म्हणाला आणि त्याच्या वार्ताहर मित्राला शोधायला विन्या बाहेर पडला. आपण यशस्वी होणार याची बाळला खात्री होती; कारण गेल्या पंचवीस वर्षांत हा प्रश्न कुणीच उपस्थित केलेला नव्हता. वेळोवेळी अनेक

राजकारण्यांनी वार्ताहरांना गिधाडं म्हटलंय. माधुरी आणि मोहनसह आणखीही काही जणांना त्याचा प्रत्यय आला. नेहमी एखादा विषय एक ते दीड दिवस वृत्तवाहिन्यांना पुरतो पण हा विषय शुक्रवारी पुरवला गेल्यामुळं आणि त्या काळात दुसरी सनसनाटी घटना न घडल्यामुळं अर्धा शुक्रवार ते सोमवार असा तो सलग चर्चेत राहिला. त्या पहिल्या बालकांची नावं वृत्तवाहिन्यांना कळल्यानंतर आणि प्रश्नांची दिशा कशी असावी याचं सूत्र विन्याच्या मित्रानं आज्ञाधारकपणे हाताळल्यानंतर, तुम्ही एकमेकाला भाऊ-बहीण किंवा भाऊ-भाऊ किंवा बहिणी-बहिणी मानता का? हा प्रश्न कॅमेऱ्यासमोर जी जोडी असेल त्या प्रत्येक जोडीला प्रत्येक वृत्तवाहिनीने विचारला. बऱ्याच जणांनी ते एकुलते एक असल्यामुळे या जास्तीच्या पण ज्यांच्यामुळे अंगावर कसलीही नवी जबाबदारी येणार नाही अशा मंडळींना भाऊ किंवा बहीण मानायला होकार दिला.

या चर्चेत मग एक नवा दृष्टिकोन बाळ्याच्या सांगण्यावरून विन्यानं त्याच्या वार्ताहर मित्राला सुनावला. बऱ्याच राष्ट्रांमधील कायद्यानुसार भावाबहिणीच्या किंवा अगदी जवळच्या नातेवाइकांच्या विवाहात परवानगी नाही, तर या चर्चेमुळं बऱ्याच निवृत्त न्यायमूर्तींचे आणि वकिलांचे चेहरे जनतेस बघायला मिळाले. बाळनं म्हटल्याप्रमाणे त्यांच्यात एकमत होणं शक्यच नव्हतं. याच काळात विन्यानं माधुरीची एकदा भेट घेतली. जास्त वेळ भेटणं तसं अवघडच होतं. त्यानं सहानुभूती व्यक्त करताना प्रसिद्धिमाध्यमांना सभ्य भाषेत बरीच शिवीगाळ केली. बाळच्या युद्धनीतीस एवढं यश येईल असं त्याला वाटलं नव्हतं.

हे वादळ आठ दिवसांत शमलं. मग माधुरी परत कचेरीत येऊ लागली. विनयनं तिला आमंत्रण दिलं ते तिनं प्रथम नाकारलं. नंतर कुणी ओळखीचं भेटणार नाही, अशा ठिकाणी जेवायला जाऊ असं तीच म्हणाली. जेवणाच्या ठिकाणी ती एकटीच आली. हसत विनय पुढे झाला. त्यानं म्हटलं, ''आज मोहन नाही वाटतं पोहोचवायला आला?'' माधुरीचा चेहरा पाहून त्यानं लगेच तिची माफीही मागितली. सगळं कसं बाळनं सांगितल्याप्रमाणे घडत होतं. जेवता जेवता माधुरी म्हणाली, ''मघाशी मी चिडले असं तुम्हाला वाटलं का?''

''केव्हा?'' विनयनं विचारलं.

''म्हणजे आल्याबरोबर खरं तर तुम्ही तो प्रश्न विचाराल ही माझी अपेक्षा होती. त्यामुळं 'नाही' एवढंच म्हणायचं असं मी ठरवलं होतं. आता आम्ही दोघं एकमेकांना भेटतच नाही, भेटावंसं वाटतच नाही. फारच मनस्ताप झालाय गेल्या काही आठवड्यात. शिवाय प्रसिद्धिमाध्यमांनी आम्हाला भाऊ-बहीण ठरवलंय. त्यामुळे आता आम्ही भेटतच नाही एकमेकांना. त्याचं काय झालं, आम्ही लहानपणापासून एकत्रच वाढलो ना? त्यामुळं घरच्यांनीही आम्ही एकमेकांशी लग्न करणार हे गृहीत धरलं होतं, पण

आता तेही हा विषय टाळतात. शिवाय तुम्ही मला पहिल्यांदा कॉफीला बोलावलंत ना तेव्हा मोहनचा मत्सरी स्वभाव जागृत झाला. मला कल्पना नव्हती या आजच्या युगात तो असा वागेल. तो दर वेळी मला सोडायला आणि न्यायला येऊ लागला.'' माधुरी बोलायचं थांबली. विनयनं यावर काहीच प्रतिक्रिया व्यक्त केली नव्हती, पण त्याला यशाचा मार्ग आता दिसू लागला होता. तो स्वत:शीच पुटपुटला 'धीर धरी रे धीरापोटी फळे असती रसाळ गोमटी!' हे म्हणताना त्याची नजर माधुरीच्या चेहऱ्यावर होती.

■

स्वप्नचौर्य

माझा एक मित्र आहे. त्याला नाही त्या चौकशया फार असतात, असं मला वाटतं. आपण बोलत असतो. मधेच तो काहीतरी प्रश्न विचारतो. उदा. 'चंबळमध्येच डाकू का असतात?' नाहीतर 'लंडनमध्ये पुरणपोळी छान मिळते असं म्हणतात, तुला ठाऊक आहे?' ह्या प्रश्नांनी डोकं फिरून जातं. इतर वेळी नीट वागणारा, अधूनमधून जेवायला नेणारा, गरजेच्या वेळी पैसे उसने देणारा आदर्श मित्र, 'का रे, माणूस कसा निर्माण झाला असेल?' असं दारू पिता पिता विचारू लागला तर सगळी मजाच गायब होते. एक तर दारू खूप चढली म्हणून तो बोलत नाहीय, हे ठाऊक असतं. दारू न पिता, पूर्ण शुध्दीतही तो हा प्रश्न विचारू शकतो ह्याची मला कल्पना आहे. दुसरं म्हणजे, कसा निर्माण होतो, ह्याचं मला माहीत असलेलं किंवा आपल्या सर्वांना माहीत असलेलं उत्तर त्याला अपेक्षित नाही, हेही मला ठाऊक असतं. बरं, हा विषय मित्रांच्या मस्त जमलेल्या मैफिलीमध्ये विचारण्यासारखा नाही. इथं चर्चा अझरच्या एकशे सत्तर कोटींची; शिल्पा शेट्टीच्या तारुण्याची किंवा कॉलेजक्वीन शैला काणेची दोन पोरांनंतर झालेली अवस्था ह्यांची. त्याऐवजी, म्हणजे 'शैला अशी सुटेल हे वाटलं नव्हतं' ह्यापुढचं वाक्य 'त्यावेळी काय माल होती!' हे हवं. त्या जागी 'काय रे माणूस कसा निर्माण झाला असेल?' हे ऐकताच आमच्या तिघांच्याही घशातून आत गेलेली व्हिस्की परत बाहेर पडली नसली तर नवल.

बरं, हा प्रश्न विचारल्यावर तो गप्प बसणार. आमच्या संभाषणाची इकडं वाट लागलेली. त्याची नजर ग्लासातल्या बर्फावर खिळलेली. आमच्या मते हा मूर्ख प्रश्न, तर त्याच्या मते आम्ही बिनडोक. हे असं नेहमी घडतं असं नाही; पण घडतं तेव्हा वैताग.

त्यानं ग्लासातून नजर काढली. ''आज टाइम्समध्ये बातमी आहे. आफ्रिकेत

"

एक सांगाडा सापडलाय. ४० लाख वर्ष जुना आहे. आपला पूर्वज होता तो. तो काय किंवा इतर सांगाडे काय, मी ह्या बातम्या मन लावून वाचतो. कमाल आहे, एक दिवस माणूस नव्हता, अचानक माणूस तयार झाला.''

इंग्रजी वृत्तपत्रांबद्दल तसंही माझं मत कधीच चांगलं नव्हतं. म्हणजे एकंदर इंग्रजीचं आणि माझं कधीच जमलं नव्हतं. शाळेत इंग्रजीनं घात केला. इतरांचा घात करणाऱ्या गणिताशी माझे संबंध बरे होते. मराठीचं नि माझं मित्रत्वाचं नातं होतं. हे इंग्रजी मला नडत होतं. ते सुधारायचे खूप प्रयत्न केले. फारसं यश आलेलं नव्हतं. ह्याउलट हा जनू. जनू म्हणजे आमची अडीअडचणीची बँक आणि मधूनच वेडेवाकडे प्रश्न उत्पन्न करणारा आमचा मित्र. त्याला इंग्रजीनं कधीच नाडलं नव्हतं. मागे एकदा पुनर्जन्माबद्दल आमची अशीच मद्यपानोत्तर – माझं मराठी म्हणे जनूला समजत नाही, त्याचं इंग्रजी मला – चर्चा चालली होती तेव्हा, इंग्रजी आमदानीत म्हणजे १५ ऑगस्ट १९४७ पूर्वी जुन्या ब्रिटिश कलेक्टर असावा आणि मी अज्ञात हुतात्मा. माझ्या गोळीनं जुन्या मेला आणि त्याच्या अंगरक्षकाच्या गोळीनं मी मेलो, असा एक विचार मला सुचला होता. त्याशिवाय इंग्रजीचं आणि आमचं नातं ह्याचं स्पष्टीकरण देणं अवघड होतं. तर हा जुन्या मराठी वृत्तपत्रं न वाचता लेकाचा इंग्रजी वृत्तपत्रं वाचायचा. त्यात ह्या अशा फार फार वर्षांपूर्वीच्या मानवी सांगाड्यांच्या गोष्टी छापून आल्या, की वेडेवाकडे प्रश्न विचारून आमच्या पाट्यांची रंगत घालवायचा. असो.

दुसऱ्या दिवसाच्या पहाटेस सकाळी नऊ वाजता मी अजून उठत होतो तेवढ्यात दारावर थाप पडली. मी डोळे चोळत दार उघडलं. दुधाची पिशवी ठेवून जाणाऱ्या पोराचे पैसे द्यायचे राहिले होते. हातात पैसे धरून मी उभा. बघतो तर समोर जनू. इतर कुणी असता तर मी शिव्या देत हाकलून दिलं असतं. जनूला शिव्या देणं शक्य नव्हतं. स्वच्छ आंघोळ दाढी करून जनू समोर हसत उभा होता. माझ्या दाराच्या कडीत खुपसलेले पेपर – मराठी वृत्तपत्रं – काढून मथळे वाचत, मला बाजूला सारत तो आत शिरला. मीही त्याच्या मागोमाग आत आलो. येताना इमानदारीत दार लावून घेतलं.

"गुड मॉर्निंग!'' जनू म्हणाला.

"व्हेरी बॅड मॉर्निंग!'' जांभई देत मी म्हणालो.

"ते असू देत, लौकर आवर!''

"आज रविवार आहे!''

"म्हणूनच म्हणतोय लौकर आवर, आपल्याला बाहेर जायचंय. मी गाडी घेऊन आलोय!'' जनू म्हणाला. मग पेपर उघडून तो वाचू लागला.

''जन्या, ज्या राशीत मित्र घात करतील असं भविष्य असेल ती रास माझी. उरलेलं वाईट भविष्य इतरत्र असेलच.''

जन्यानं माझ्या ह्या म्हणण्याकडं दुर्लक्ष केलं. मी बाथरूमच्या दिशेनं चालू लागलो. प्रातर्विधी आवरून आंघोळ दाढी करून बाहेर पडेपर्यंत ह्याचं आपल्याकडं काय काम असावं, असा मी विचार करीत होतो मी वृत्तपत्रांशी संबंधित असल्यामुळं काही बातमी द्यावी, असं त्याच्या मनात असणं शक्य होतं. पण इतक्या सकाळी बातमीदाराला त्रास देऊ नये, हे समजण्याइतका जन्या चतुर होता. माझं सगळं आवरलं. चहाचं आधण मी गॅसवर ठेवलं. बिस्किटांचा डबा उघडला. तेव्हा जन्यानं वृत्तपत्रातून डोकं बाहेर काढलं.

''तुझ्या खानावळीत फीस्ट असेल!''

''त्याला अवकाश आहे. रविवारी बाराला तिथं चूल पेटते.''

''ठीक आहे, मग खाडा सांग!''

''अरे पण काय करायचंय, कुठं जायचंय ते तर सांगशील?''

''आज तुझा साप्ताहिक सुट्टीचा दिवस?''

मी ह्यावर मान डोलावली.

''तू काल कॉपेन्सेटरी ऑफ घेणार हे माहीत असतं तर कालच गेलो असतो.'' बिस्कीट खात खात जन्या म्हणाला.

चहा बिस्किटं झाल्यावर आम्ही निघालो. जन्याच्या नव्या मोटरसायकलवर एक फाटकं सीट होतं.

''मुद्दाम पैसे देऊन बसवलंय ते !'' जन्यानं सांगितलं. ''त्याच्या खाली चांगलं सीट आहे. हे फाटकं सीट कव्हर भंगारवाल्याकडनं घेतलं. त्यामुळं ह्याला कुणी ब्लेड लावत नाही आणि रस्त्यात उभ्या केलेल्या गाडीवर कुणी बसत नाही.''

जन्या किक् मारत म्हणाला. मी त्याच्यामागं बसलो.

''जाताना वाटेत पोटपूजा करू!'' जन्या म्हणाला.

सुमारे दोन तास आम्ही प्रवास केला. त्यातला अर्धा तास ब्रेड ऑम्लेट खाण्यात गेला होता; हे जमेस धरलं तरी आता आम्ही किमान ९० ते १०० कि.मी. दूर आलो होतो; जन्यानं एका आडवाटेला त्याची मोटरसायकल घातली. 'इथं ही पंक्चर झाली तर काही खरं नाही.' हा विचार माझ्या मनात आलाच, पण सुदैवानं तसं काही घडलं नाही. ह्या रस्त्यावरचे दगडगोटे, खड्डे टाळत आणि जन्याच्या मागं दडून मी देवाची प्रार्थना करीत तासभर चाललो. हेल्मेटमुळं फांद्यांचा त्रास त्याला होत नव्हता. मी वाकून डोळे गच्च मिटून बसलेला होतो.

गाडी थांबवली. मी डोळे उघडत उतरलो. समोर एक बैठं घर होतं. जन्यानं गाडी स्टँडला लावली. घरातून एक माणूस बाहेर आला. त्यानं फाटकाचं कुलूप

काढलं. आम्ही आत गेलो. त्यानं फाटकाला परत कुलूप लावलं. आमच्या मागून तो माणूस आत आला. त्यानं तेही दार लावून घेतलं. बाहेरून कल्पना येत नव्हती, पण ते घर बरंच मोठं होतंच, आणि तिथं भरपूर उजेडाचीही सोय होती. येताना मला वाटेत विजेच्या तारांचे खांब दिसले नव्हते; पण कदाचित मागच्या बाजूने वीज आणली असावी किंवा त्या झाडीत खांब असतील पण ते माझ्या लक्षात आले नसतील असं मला वाटलं.

जन्या आणि तो माणूस तिथून आत गेले. जन्यांं हातानंच मला थांबायची खूण केली. मी भिंती न्याहाळू लागलो. तिथं एकही चित्र किंवा छायाचित्र नव्हतं. सर्वसाधारणपणे अशा प्रकारच्या दिवाणखान्यात एखाद्या उग्र प्रकृतीच्या, फेटा बांधलेल्या, करडी आणि करारी नजर असलेल्या व्यक्तीचं चित्र असतं. इथं तेही नव्हतं. जुन्या पद्धतीचं घड्याळ नव्हतं. रविवम्यांची चित्रं नव्हती. एखादी दिनदर्शिकाही नव्हती. बसायला मात्र चांगल्या खुर्च्या होत्या. सोफासेट होते.

पायाखाली मऊसूत गालिचा होता. मात्र त्या ओक्याबोक्या भिंतींमुळे मी अस्वस्थ झालो. खेड्यातून आल्यामुळे आणि पत्रकारितेच्या व्यवसायात असल्यानं अनेक मोठ्या वाड्यांमधून, महालांमधून आणि बंगल्यांमधून मी जाऊन आलो होतो. पैसे मिळवण्यासाठी एकदोन श्रीमंतांची चरित्रं मी लिहिलेली होती. काही साखरसम्राटांच्या मुलाखती घेतलेल्या होत्या. त्या सर्वांच्या घरात रानडुकरं, वाघ, किमानपक्षी हरीण अशा एखाद्या प्राण्याचं डोकं, एखादं मोठं तैलचित्र अशा गोष्टी; खूप मोठं अनावृत्त स्त्रीचं चित्र असलेलं कॅलेंडर, काहीतरी असल्या प्रकारचं भिंतीवर लटकवायचं आभूषण असायचं. इथं ते अजिबात नव्हतं.

श्रीमंतांच्या किंवा माजी श्रीमंतांच्या आणि भव्य आकाराच्या घरात आणखी एक गोष्ट आढळत असे ती म्हणजे शिसवी लाकडाची कपाटं आणि त्यात गोल्डन एंबॉसिंग केलेली कापडी बांधणीची, पण सहसा कुणीच न उघडलेली पुस्तकं. अनेक दुर्मिळ ग्रंथ अशा ठिकाणी मला बघायला मिळाले होते. कित्येकदा तर एखादा ग्रंथ बघायला मागितला तर त्या घरातून तारांबळ उडायची. कारण त्या कपाटाच्या किल्ल्या कुठं आहेत ते कुणालाही ठाऊक नसे. आजोबांच्या काळापासून ते कपाट उघडलेलं नसायचं. मात्र ते कायम बंद असल्यानं त्याच्या बिजागऱ्यांच्या फटीमधून जाईल तेवढी आणि जर लाकडी कपाटाला फळ्यांच्या दरम्यान फट असेल तर तेवढीच धुळीची रेषा, हे कपाट उघडल्यावर सापडत असे; पण इथं तसं कपाटही नव्हतं. एखाद्या रुग्णालयातल्या खोलीसारखी ती खोली अगदी निर्जंतुक वाटत होती.

मी अस्वस्थ झालो. जन्यांं मला इथं का आणावं? जन्या स्वत: कुठं गायब झालाय, आणि ते आजोबा कुठं गेले? मला काही कळत नव्हतं. मी एकेकाळी

वार्ताहर होतो. पोलीस जेव्हा संशयिताला पकडतात, तेव्हा त्याला असाच काही काळ एकटा ठेवतात. त्यामुळं तो अस्वस्थ होतो आणि कुणाही संपर्कांत आलेल्या व्यक्तीबरोबर मोकळेपणानं बोलू लागलो; हे मी बघितलं होतं, पण इथं तसं करायचं कारण मला दिसत नव्हतं. जन्याबरोबर मी नेहमीच मोकळेपणानं बोलत आलो होतो.

दार वाजलं. मी वळून तिकडं बघितलं. ते आजोबा एक ट्रॉली ढकलत आत आले. त्यावर बरेच खाद्यपदार्थ, पेय आणि अपेयपानाची व्यवस्था होती. इतक्या दुपारी अद्याप कधी मी प्यायलेलो नव्हती.

"जन्या कुठंय?" मी विचारलं.

"जन्या?" आजोबांच्या चेहेऱ्यावर प्रश्नचिन्ह होतं.

"ज्या गृहस्थांनी मला इथं आणलं ते गृहस्थ!" मी स्पष्टीकरण दिलं.

"ते इतक्यात येतीलसं दिसत नाही, तुम्ही खाऊन घ्या!" म्हाताऱ्यानं माझ्याकडं बघत सांगितलं.

"मला त्याला लगेच भेटायचंय, तात्काळ!" मी ओरडलोच म्हटलं तरी चालेल. जन्या माझी काहीतरी गंमत करू इच्छित असावा.

"ते येतील, तोपर्यंत तुम्हाला खाऊन घ्यायला सांगितलंय!"

खाणं तोंडाला पाणी सुटेलसं होतं हे खरं. मला तशी भूकही लागली होती. किती वेळ गेला हे कळायला मार्ग नव्हता. मी घड्याळ वापरीत नव्हतो. मला घड्याळ धार्जिणं नाही, असं माझे मित्र म्हणत होते. प्रवासात विसरणे, सहलीला गेलो असता खोल पाण्यात पडणे असं व्हायचं. एकदा कशावर तरी आपटून काच फुटली ती बसवायला घड्याळ दिलं. दुकानदारानं 'उद्याच या, बरं का!' असं सांगितलं कारण काटेही वाकलेले होते. मी रात्री मित्रांबरोबर बाहेर पडलो. आमच्या एका मित्राची गाडी घसरली. त्याला बराच मार लागला. मग डॉक्टरकडं जाणं आलं. त्याला आठ दिवस पूर्ण विश्रांती घ्यायला डॉक्टरनी सांगितलं, म्हणून दुसऱ्या दिवशी त्याला गावाकडं सोडायला गेलो. तिथं दोन दिवस राहून परतलो. घड्याळाची आठवण झाली तेव्हा चांगला आठवडा उलटला होता. आज जाऊ, उद्या जाऊ करता करता आणखी दोन दिवस गेले. घड्याळाच्या दुकानाजवळ गेलो तर तिथं मांडव घालून सत्यनारायण चालला होता. साडीचं दुकान येणार होतं म्हणे. घड्याळजी त्यांच्या गावी निघून गेले होते. दुकानाची किंमत आणि माझं घड्याळ घेऊन गेले होते. मी मसाला दूध आणि तुपकट शिरा खाऊन परतलो.

सत्यनारायणाला नुसताच नमस्कार केला. पैसे ठेवले नाहीत. मनोमन घड्याळ मात्र अर्पण केलं.

"किती वाजले?" घड्याळ नसलेल्या भिंतीकडं बघत मी विचारलं आणि खायला बसलो.

"किती वाजले?" त्या म्हाताऱ्यानं माझेच शब्द परत उच्चारले आणि बहुधा किती वाजले बघायला तो दारातून नाहीसा झाला. आता मात्र मी अस्वस्थ झालो होतो. चेष्टेलासुद्धा मर्यादा असतात. मला सुनील गावस्करच्या पुस्तकातली एक गोष्ट आठवली. एकदा मध्य प्रदेशात भारताचा संघ गेला असताना पतौडीच्या नबाबानं मन्सूरअली खाननं त्यांना जंगलाच्या सहलीला नेलं. तिथं त्यांना दरोडेखोरांनी धरलं. विश्वनाथची पाचावर धारण बसली. त्यानं पैसे, घड्याळ, अंगठी वैगेरे सर्व चीजवस्तू दरोडेखोरांसमोर धरली आणि तो 'आम्हाला सोडा' अशी विनवणी करू लागला. तेव्हा दरोडेखोरांना हसायला यायला लागलं. ते दरोडेखोर नक्ते. पतौडीचीच माणसं होती. हा जुन्या असंच तर काही करत नसेल अशी सुरुवातीस मला शंका आली होती. पण आता त्या शंकेचं रागात रूपांतर होत होतं. पण राग काढायचा तरी कुणावर? जुन्या बेपत्ता होता. हा म्हातारा माणूस नक्की कोण, ह्याचा मला पत्ता नव्हता. बरेचदा बरीच श्रीमंत माणसं अगदी साधी असतात. लोक त्यांना नोकर समजून बोलतात. त्यांचं खरं स्वरूप कळल्यावर ओशाळल्यासारखं होतं, हा अनुभव मला प्रत्यक्ष कधीच आलेला नसला तरी त्याबद्दल मी वाचलं आणि ऐकलेलं होतंच. ज्या दिवाणखन्यात मी खात बसलो होतो, त्यावरून अंदाज करायचा तर मी ज्या घरात आलो होतो ते घर खूपच भव्य असायला हवं होतं, पण इथं भिंती जशा ओक्याबोक्या होत्या त्याचप्रमाणं इथली शांतताही जीवघेणी होती. म्हणजे आपण जेव्हा एखाद्या घरात असतो; तेव्हा उघड्या दारातून नानाविध आवाज आपल्या कानावर येत असतात. रेडिओ असेल, टीव्ही असेल, वाहन, रडतं मूल, कुकरची शिट्टी अशा आवाजांची आपण जागरूकपणे दखल घेत नसलो तरी हे आवाज आपल्या कानावर सतत आदळत असतात. ज्यावेळेस पूर्ण शांतता असते तेव्हा मग आपल्याला चुकल्याचुकल्यासारखं वाटतं. कारण आवाजाची ही परिचित पार्श्वभूमी तिथं उपस्थित नसते. मी ह्या ध्वनिशून्यतेमुळे अस्वस्थ झालो होतो.

खाणं संपलं, सरबत प्यालो, मद्यपान टाळलं. कोचाला आरामात पाठ टेकली. आपण बराच काळ झोपलो होतो, हे जाग आल्यावरच लक्षात आलं. खाण्यात काही होतं की सरबतात? पण आदल्या रात्रीचं मद्यपानही कदाचित ह्या झोपेस कारणीभूत असू शकेल, अशी मनाची समजूत घातली. पण तरीही काहीतरी चुकल्यासारखं वाटत होतं. आपल्याला विचित्र स्वप्न पडल्याचं पुसट आठवत होतं. डोकंही जड झालं होतं. मी उठून स्वच्छतागृहाच्या शोधात निघालो. चारच पावलं टाकली असतील तेवढ्यात ते म्हातारे गृहस्थ दात दाखवत हजर झाले.

''चला, मी तुम्हाला रस्ता दाखवतो.'' असं म्हणत त्यांनी एक दार उघडलं. हे दार ह्याआधी माझ्या लक्षात आलं नव्हतं. मी परत येऊन त्या कोचावर बसलो. थोड्याच वेळात माझे डोळे मिटू लागले.

मी एका अवकाशयानात होतो. वेगवेगळ्या चित्रपटांमधून दाखवतात तसे प्राणी त्या अवकाशयानात वावरत होते. सगळीकडं घाईगडबड होती. बहुधा युद्ध सुरू असावं. अवकाशयानातला आरडाओरडा तसंच दर्शवीत होता. कुणीतरी मला सलाईन लावलं. मी अर्धवट शुद्धीवर होतो ती शुद्धही हरपली. त्याचवेळी त्या अर्धशुद्धीतली की बेशुद्धीतली अखेरची आठवण म्हणजे सगळं यान कसल्या तरी धक्क्यानं हादरलं आणि कर्कश आवाज सुरू झाला.

मी जागा झालो. दारावरची घंटा कुणी तरी वाजवीत होतं. मी दार उघडलं. दारात जन्या उभा होता. ''काल रात्रीची उतरली नाही का अजून?'' त्यानं विचारलं. मी आ ऽऽ वासून त्याच्याकडे बघत होतो.

''झापड मीट!'' तो म्हणाला. मला बाजूला सरकवून तो आत आला. दरम्यान मी सावरलो. मी माझ्याच खोलीत होतो. रात्रीचेच कपडे अंगावर होते. मी ओशाळलो. जन्या म्हणाला, ''माझ्याबरोबर चल! आपल्याला बाहेर जायचंय!''

''आज रविवार आहे!''

''म्हणूनच म्हणतोय लौकर आवर! मी गाडी घेऊन आलोय!'' पुढं काय घडणार ते मला कसं कोण जाणे ठाऊक होतं. मी ते स्वप्नात तर बघितलं नव्हतं? काय होतंय ते बघायचं मी ठरवलं. प्रातर्विधी आंघोळ करून आम्ही निघालो. वाटेत थांबून ब्रेड ऑम्लेट खाल्लं, पुढं निघालो. मग मी म्हणालो,

''पुढच्या कल्व्हर्टनंतर डावीकडं वळायचंय. मग कच्चा रस्ता आहे. त्या रस्त्यानं गेलं की एक बैठं घर आहे!''

जन्याच्या चेहऱ्यात बदल पडतोय, हे आरशामुळं मला कळत होतं; तो दचकला हेही मला जाणवत होतं.

''तुला कसं कळलं? तू इथं आला होतास?'' त्यानं विचारलं.

''होही आणि नाहीही! मलाच ते कळत नाही!''

मग जन्यानं गाडी चालवण्याकडं लक्ष केंद्रित केलं. त्या रस्त्यामुळं तसं करणं भागच होतं. मीही काय घडतंय ते पाहू म्हणून गप्प बसून फांद्या टाळत होतो. जन्याच्या हेल्मेटमधूनही आरशातून कळावं इतका त्याचा बदललेला चेहरा पाहत होतो. आम्ही त्या घरापाशी आलो. जन्याच्या फटफटीचा आवाज ऐकून ते म्हातारबाबा बाहेर आले. त्यांनी दार उघडलं. आम्ही आत जाताच कुलूप लावलं. घराचं दार उघडलं. परत लावलं. तोच दिवाणखाना, त्याच जुन्या भिंती.

मी जन्याला म्हणालो, ''जन्या लेका, हे सगळं मी बघितलंय. फ्रेंच आणि

इंग्रजीत ज्याला 'देजा व्हू' असं म्हणतात तसा प्रकार आहे. आपण एखाद्या जागी प्रथमच जातो आणि ही जागा पूर्वपरिचित आहे, आपण पूर्वी इथं येऊन गेलेलो आहोत असं आपल्याला राहून राहून वाटू लागतं. तसंच माझ्याबाबतीत घडतंय बघ.'' ह्यावर जन्या हसला. त्यात सुटकेची भावना होती का, ह्या प्रश्नाचं उत्तर माझ्याजवळ नाही. पश्चातबुद्धीनं आता तसं वाटतं खरं, पण तेव्हा असं काही वाटावं इतकं माझं जन्याच्या हसण्याकडं लक्षही नव्हतं.

"तसंच असणार ते. मी आलोच पाच मिनिटांत, बस!" तो एका दारातून आत गेला. मी उठलो आणि स्वच्छतागृहाच्या दिशेनं चालू लागलो. तो म्हातारबाबा लगेच पुढं झाला. त्याला मी हातानंच थोपवलं. मी स्वच्छतागृहातून बाहेर पडलो. परत येऊन कोचावर बसलो. तेवढ्यात जन्या आला. त्याच्याबरोबर आणखी एक काहीसे उंच आणि शिडशिडीत गृहस्थ होते. त्यांचे डोळे खूप तेजस्वी होते. त्या व्यक्तीबद्दल एकेरी बोलणं अवघड होतं. त्यांचं व्यक्तिमत्त्वच तसं होतं.

"तुला पूर्वी कधीतरी इथं आल्यासारखं वाटतंय, हो ना?" ह्या त्यांच्या प्रश्नावर मी मान डोलावली. "ते बरोबर आहे. तू ह्यापूर्वी इथं पाचसहा वेळा आला होतास.'' ते खोटं बोलत असतील असं त्यांच्या चेहऱ्यावरून किंवा बोलण्याच्या ढंगावरून वाटत नव्हतं. पण मी इथं ह्यापूर्वी पाचसहा वेळा आलो असं ते म्हणतात म्हणून जी गोष्ट कधी घडलीच नव्हती, त्या घटनेला होकारार्थी मान डोलावणं माझ्या स्वभावात नव्हतं. मी तर इथं पहिल्यांदाच येत होतो. मी तसं बोलून दाखवलं. ह्यावर ते हसले.

"तुला ह्यापूर्वी आपण इथं आलो होतो, हे वाटण्याचं दुसरं काही कारण सांगू शकशील का?''

"बरेचदा आपण, म्हणजे मी, ठामपणे सांगू शकत नाही; पण मी कुठं तरी वाचलंय, आपल्याला स्वप्नात काही गोष्टी दिसतात, काही वेळा काही गोष्टी समजा, आपण वाचल्या तर मूर्त स्वरूपात त्या कशा दिसतील त्याचं चित्र आपल्याला स्वप्नात जाणवतं. मग जेव्हा त्या घटनेशी, त्या प्रसंगाशी साधर्म्य असलेल्या वस्तू, घटना, प्रसंग घडतात तेव्हा आपल्याला वाटतं की पूर्वी हे अनुभवलंय.'' मी अडखळतच स्पष्टीकरण दिलं.

"हे स्पष्टीकरण तोकडं आहे असं नाही का तुला वाटतं? त्याऐवजी पटेल असा आणि खरोखरीचा पर्याय असला तर? तुला तो कदाचित असंभाव्य वाटेल खरा, पण तो सत्य आहे. लागोपाठ सहा रविवार तू काय केलंस, हे आठवून बघ. तुला काही आठवतंय का? तुला मित्रांनी विचारलंही, तू ज्याला जन्या म्हणतो त्यानंही विचारलं, तू काय म्हणालास?''

मी आठवू लागलो. मी काय म्हणालो होतो, मला आठवेना. मग मी म्हणालो, लागोपाठ सहा शनिवार जन्यानं मला दारू पाजली. दर सोमवारी तो मला म्हणाला, 'काल सबंध दिवस तू झोपून होतास. एवढी पिणं चांगलं नाही.'

मी म्हणालो, 'मला चढलीच नव्हती. ह्या शनिवारी पार्टी करूया. बघ, माझी परीक्षा!' हे मला आत्ता आठवलं; म्हणजे सहा रविवार जन्या मला इथं आणत होता. हे सगळं न बोलता मी म्हणालो, "तुम्ही म्हणताय की 'तू ज्याला जन्या म्हणतोस...' मग त्याचं नाव जन्या नाही का? त्याला आम्ही 'जान्हवीनाथ' ह्या नावांनं ओळखतो. साधारणपणे जान्या म्हणतो; काही वेळा जन्याही म्हणतो; त्यानंच आम्हाला ते त्याचं नाव असल्याचं सांगितलंय."

ते हसले. जन्याला म्हणाले, "बघ! हा खरोखरच बुद्धिमान आहे. मी म्हणत नव्हतो?" त्यांचं हे वाक्य ऐकून मला राग आला. मी हुशार आहे की नाही हे ठरवायचा अधिकार ह्या गृहस्थांना कुणी दिला? शिवाय फक्त ५-१० मिनिटांच्या किंवा अर्ध्या तासाच्या म्हणू, संपर्कात माझ्या बुद्धीचं मापन करणारे हे कोण? तसा मी कुणाचं ऐकून घेणारा म्हणून निश्चितच प्रसिद्ध नाही. पण त्या माणसाच्या व्यक्तिमत्त्वात असं काही होतं की मी गप्प बसलो. भारदस्त व्यक्तिमत्त्वाच्या अनेक लोकांना मी वेळोवेळी भेटलेलो होतो. माझ्या व्यवसायाचा तो भाग होता; पण असं जबरदस्त आणि त्याचबरोबर आश्वासक, धाक वाटावं असं, पण त्याचबरोबर आदरही वाटावं असं व्यक्तिमत्त्व ह्यापूर्वी मी कधी बघितलेलं नव्हतं. ते मनकवडेही असावेत.

"तुझ्या मनातली खळबळ मी समजू शकतो. जनेश्वरानं त्याचं नाव तुला जे सांगितलं त्यात त्याची काही चूक नाही. त्यानं इतरत्र आणखी वेगवेगळी नावं सांगितली असतील. माझ्यापुढं प्रश्न आहे तो म्हणजे तुझी इथली पूर्वीची भेट तुला आठवली कशी आणि का?"

"म्हणजे त्या भेटी मला आठवू नयेत असं तुम्हाला वाटत होतं आणि त्या आठवणार नाहीत ह्याची तुम्ही व्यवस्था केलेली होती, असंच ना?" मी न थांबता लगेचच त्यांना विचारलं.

जन्या ह्यावर काहीतरी बोलण्यासाठी तोंड उघडणार तेवढ्यात त्यांनी जन्याला हातानंच थोपवलं. जन्यानं बोलण्यासाठी उघडलेलं तोंड मिटलं.

"हे बघ, तुला आता मी सगळंच स्पष्ट करून सांगणार आहे. मी काय सांगतो ते ऐक. माझं बोलणं पूर्ण होईपर्यंत मध्ये मला अडवू नको. नंतर तुला हवं तर प्रश्न विचार. मात्र सर्व प्रश्नांची उत्तरं तुला समजतील अशा भाषेत किंवा संकल्पनांतून देणं अवघड आहे. माझ्या दृष्टीनं मी ह्या संकल्पना स्पष्टही करेन, पण तुझ्या अनुभवविश्वाच्या कक्षेत त्या बसणाऱ्या नसल्यानं तुला त्या

समजावून घेणं अवघड जाईल. माझ्यावर विश्वास ठेव. आम्ही तुझं कोणतंही नुकसान करणार नाही. तुझा फायदा मात्र नक्कीच होईल.'' ते बोलायचे थांबले. त्यांनी जान्याला खूण केली. तो तेथून निघून गेला. त्याच्या मागोमाग ते आजोबाही चालते झाले. मला त्यांनी बसायला सांगितलं. ते स्वत: माझ्यासमोर बसले. दरम्यान जन्या आणि आजोबा परतले. त्यांच्या हातात काही भेटवस्तू असाव्यात. त्या आजोबांनी त्या वस्तू ठेवल्या आणि ते परतले. ते पुन्हा अवतीर्ण झाले तेव्हा त्यांच्या हातात भेटवस्तूंऐवजी खाद्यपदार्थ आणि पेयाची बाटली असलेला ट्रे होता.

मलाही आता भुकेची जाणीव झाली; पण तरीही मनात एक वेगळीच शंका नाचू लागली. ह्या अन्नात किंवा पेयामध्ये एखादं औषध असलं तर? आपण ते औषध प्यायलो की झोप लागणार; झाल्या घटनांचं तात्पुरतं विस्मरण होणार आणि मग जन्या आपल्याला आपल्या खोलीत नेऊन झोपवणार. पण का? म्हणजे एखाद्या व्यक्तीला इथं आणायचं. खाऊपिऊ घालायचं. परत त्याच्या घरी नेऊन झोपवायचं. हे असं घडलं ह्याबद्दलची त्या व्यक्तीची आठवण पुसून टाकायची. हा खेळ कशासाठी चालू असेल, हे मला कळत नव्हतं.

वृत्तपत्रांमधून येणाऱ्या स्त्रियांवरच्या अत्याचाराबद्दलच्या बातम्या मी ऐकून होतो. वाचत होतो. एखाद्या तरुणीच्या बाबतीत असं घडलं असतं, तर इथं काय करत होते, ह्याबद्दल खोटं का होईना, एक कल्पनाचित्र माझ्या नजरेसमोर उभं राहू शकत होतं. पण माझ्यासारख्याला पळवून हे काय करत असावेत, हे कोडं काही मला सुटत नव्हतं. ह्या विचारामुळे माझं त्या खाण्यापिण्याकडं दुर्लक्षच झालं होतं.

''खायला हरकत नाही आणि त्या पेयातही कसलंही औषध मिसळलेलं नाही.'' ते तेज:पुंज डोळ्यांचे गृहस्थ म्हणाले. ''हवं तर मी तुझ्याबरोबर खातोपितो. मग तर झालं?'' एखाद्या लहान मुलाची समजूत काढावी त्या सुरात ते बोलत होते.

''आज त्यात कदाचित काही नसेलही, पण तुम्ही म्हणताय तसं मी पाचसहा वेळा ह्याआधी हे असंच खाल्लेलं असू शकेल, नाही का? त्यावेळी माझी अशी खात्री तुम्ही पटवली होती, का खात्री पटवूनही मला ते प्रसंग विसरायला लावले होते?'' मी थोडासा तुसड्या सुरात बोललो होतो.

त्यावर ते मोकळेपणानं हसले. ''दुधानं तोंड भाजल्यावर ताकही फुंकून प्यालं जातं असं म्हणतात, ते हे असं.''

''तुम्ही चुकताय! एक तर जेव्हा आपलं दुधानं तोंड भाजलंय हे लक्षात राहू शकतं तेव्हाच असं घडतं. शिवाय फोडणीचं ताक गरम असू शकतं.''

''आपण अशा शाब्दिक खेळात वेळ न घालवता, ह्या खाद्यपदार्थांना न्याय द्यायला हवा, नाही का?'' असं म्हणून समोरचं सँडविच त्यांनी उचललं. मी मधे

बोलायचा प्रयत्न केला, पण त्यांनी हातातलं सँडविच खाली ठेवून खाताना बोलणं चांगलं नाही आणि आपल्यापाशी नंतर भरपूर वेळ आहे. असं सांगून पुन्हा सँडविच, उचललं. पंचतारांकित हॉटेलात मिळतं तसं तीळ पसरलेलं चिकन सँडविच, त्याचबरोबर मेयोनेज आणि तार्तर सॉस, बर्गर्स अशा बऱ्याच गोष्टी होत्या. मलाही भूक लागलेली होतीच. आदल्या रात्रीचं मद्यपान आणि कमी खाणं हे वाटेतल्या ऑम्लेट आणि दोन स्लाइसनी भागणारं नव्हतं. मी मग भरपेट खाल्लं. वर पायनॅपल ज्यूस प्यालो. उगीच खाण्यापिण्यात हयगय नको. बकरी ईदच्या बोकडाला असंच चारतात, हा मनातला विचार बाजूला सारून खाल्लं आणि प्यालो. मग स्वच्छतागृहात जाऊन व्यवस्थित तोंडबिंड धुतलं. मगच परतलो. समोर मला आवडतं तसं मघई मसालापान होतं. त्या खाण्यापिण्यात गुंगीचं औषध नसतं तरीही झोप आली असती, अशी परिस्थिती होती.

"हे बघ! तू पूर्णपणे जागृतावस्थेत असावंस असं मला वाटतं. कारण तुला जे स्पष्टीकरण हवंय, ते देणं वाटतं तितकं सोपं नाही. काही तांत्रिक बाबी आहेत, त्या बऱ्याच गुंतागुंतीच्या आहेत.''

"तुम्ही बोलत राहा. मला जर काही गोष्टी समजल्या नाहीत तर मी अडवून तुम्हाला विचारीन; किंवा तुमचं बोलणं थांबल्यावर मग माझ्या शंका विचारीन.'' मी म्हणालो.

"ठीक आहे तर; मग ऐक. विश्वनिर्मितीच्या अनेक सिद्धांतांची तुला माहिती असेलच. माणसानं त्याचा दीर्घकाळ विचार केलेला आहे, असं तुमचा इतिहास सांगतो.'' मी मान डोलावली. हे तर मी शाळा-कॉलेजात शिकलो होतो. "पुढं आइन्स्टाइननं 'काळ' ही एक मिती आहे असं सांगून मानवाच्या त्रिमित जगाविषयीच्या कल्पनांना धक्का दिला. त्यानंतर बऱ्याच नवनव्या संकल्पना विसाव्या शतकात मांडण्यात आल्या. आपण इथं थोडक्यात त्याची उजळणी करूया.''

मी त्यांना म्हटलं. "पण माझ्या इथं येण्याचा ह्या सर्वांशी काय संबंध आहे?''

"अरे बाबा, संबंध आहे म्हणून तर सांगतोय ना, मला जे काय म्हणायचंय ते तुला नीट समजावं, हा माझ्या बोलण्यामागचा उद्देश आहे. उगीच गैरसमजाला वाव नको. तुझा थोडासा गैरसमज झाला आणि त्यातून तू चुकीचा निष्कर्ष काढलास तर आमची पंचाईत होईल. आम्हाला तुझी मदत हवी आहे. ती तू मैत्रीत म्हणून केलीस तर अधिक चांगलं. जर चुकीच्या निष्कर्षावर आधारित असं काही तू वागलास तर त्यामुळे आम्हाला धोका निर्माण होऊ शकतो. आम्हाला धोका निर्माण झाला तर तुझ्याशी कसं वागायचं हा निर्णय माझ्या हाती राहणार नाही. त्यामुळे कदाचित तुझं आणि आमचं असं दोघांचंही नुकसान होईल. गुळगुळीत झालेला एक वाक्प्रचार वापरायचा झाला तर 'कधीही न भरून येणारं' असं नुकसान

होईल.'' ते बोलायचे थांबले. त्यांची नजर मात्र माझ्यावर रोखलेली होती.

"खरं सांगू का, तुमचं बोलणं आत्ताही मला कळत नाही. शिवाय मला इथं आणण्यात तुमचा उद्देश काय हेही मला कळत नाही. तुम्ही कोण? म्हणजे वैयक्तिकरीत्या तुमची माहिती जशी मला ठाऊक नाही, त्याचबरोबर तुम्ही कुठून आला, मूळचे कुठले, वगैरेही मला माहिती नाही. माहिती करून घ्यायची इच्छा नाही. मला पाचसहा वेळा तुम्ही इथं आणलं, असं म्हणालात तेही मला खरं वाटत नाही. तुमच्या बोलण्यातून बरेच वेळा माझ्याबद्दल 'तुम्ही लोक' आणि तुमच्याबद्दल 'आमचं' असे उल्लेख आले. ह्याचा अर्थ तुम्ही स्थानिक नाही असा मी लावतो. तुम्हाला माझी मैत्री हवी, असं म्हणताय नि मग चोरासारखे वागताय हे कसं? त्यापेक्षा मला माझ्या खोलीवर जाऊ द्या, मी सगळं विसरून जातो. आइन्स्टाईन वगैरेंशी तर माझा दुरान्वयानंदेखील संबंध येत नाही. माझी विनंती मान्य करा, पाहिजे तर इथून मी चालत जातो. राष्ट्रीय हमरस्त्यावर मला कुणीही भेटलं तर मी पुढं जाऊ शकेन.'' माझ्या स्वरातली अजीजी मलाही नवी होती. इतका लीन होऊन ह्यापूर्वी मी कधीच कुणाशी बोललेलो नव्हतो.

ते पुन्हा हसले. प्रसन्न हसले. ढग दूर होऊन सूर्यप्रकाश यावा, तसे हसले. माझ्या विचारांवरचं मळभ त्या हास्यानं दूर झालं. माझ्या बोलण्याबद्दल माझ्याच मनात एक अपराधीपणाची भावना निर्माण झाली. मी खाली बघत गप्प बसून होतो. तेही थोडा वेळ काही बोलले नाहीत. जान्या आत आला.

"तुझ्या मित्राला त्याच्या रूमवर सोडून ये!'' ते म्हणाले. "माझ्या जाण्यापूर्वी मला एका प्रश्नाचं उत्तर घ्याल?'' मी विचारलं. "तुम्ही – म्हणजे वैयक्तिक तुम्हीच असं नाही – तुम्ही लोक कोण आणि हे सर्व काय चाललंय?'' मी उभं राहत विचारलं.

"ह्या तुझ्या प्रश्नात दोन प्रश्न आहेत. दुसरा प्रश्न असीमित आहे. त्याचं उत्तर घ्यायला बराच वेळ लागेल. किंबहुना त्याबद्दलच मी तुझ्याशी चर्चा करत होतो. तो प्रश्न नंतर विचारार्थ घेऊ. पहिल्या प्रश्नाचं उत्तरसुद्धा तुला वाटतं तितकं सोपं नाही. ते थोडक्यात घ्यायचं म्हटलं तरी तसा थोडा वेळच लागेल. तेव्हा तू आरामात बस. मी तुला ते सर्व सांगतो.''

मी हे ऐकून परत खाली बसलो. जान्या आतल्या बाजूस निघून गेला.

"तू विज्ञानशाखेचा विद्यार्थी आहेस, हे मला ठाऊक आहे.'' ते बोलू लागले. "त्यामुळं मी काय बोलतोय हे लक्षात यायला तुला वेळ लागू नये अशी माझी एक माफक अपेक्षा आहे. मानवाच्या उपयोगी असे शोध अनेक वेळा आधी लागतात. ते शोध वापरले जातात. मग कधीतरी कुणीतरी त्यामागचं तत्त्व शोधून काढतं. ह्याचं एक सहज पटेल असं उदाहरण म्हणजे तरफ. एखाद्या लाकडाला टेकू दिला

तर त्यायोगे मोठा दगड कमी श्रमात हलवता येतो हे आदिमानवाला ठाऊक होतं. पिरॅमिड बांधणाऱ्यांनादेखील ठाऊक होतंच; पण आर्किमिडीजनं हे का घडत असावं ह्याचा विचार करून त्यामागचं तत्त्व शोधून काढलं. ते तत्त्व समजलं नव्हतं तरी त्याआधी किती तरी वर्षे तरफ वापरली जात होतीच. तुमच्या काळातलं उदाहरण घ्यायचं तर विमानाचं घेता येईल. राईट बंधूंनी विमान उडवलं. तेव्हा त्यामागचं वायुगतिकी तत्त्व त्यांना कुठं माहीत होतं? त्याचा अभ्यास नंतर झाला. तसंच काहीसं आमच्या बाबतीत घडलं.

आमच्या ग्रहावर आम्ही व्यावहारिक उपयोग महत्त्वाचा मानतो. आम्ही अवकाशगामी बनलो. आम्हाला एक ऊर्जास्रोत मिळाला. त्यात शिरण्याचा मार्गही सापडला. त्याचा उपयोग करणंही शक्य झालं. आम्ही अचानक एक दिवस पृथ्वीवर अवतरलो. त्यामागचं तत्त्व आम्हाला माहीत नाही. मात्र अवकाशात काही विशिष्ट ठिकाणी विशिष्ट परिस्थितीत आमचं यान पोहोचलं, की आम्ही तुमच्या पृथ्वीवर पोहोचतो, एवढं आम्हाला माहीत आहे. काही विशिष्ट मार्गानं परतही जाता येतं. का, कसं ते मला विचारू नको. तुमच्या शास्त्रज्ञांनी त्याच्यावर विचार केलाय. काही सिद्धांत मांडलेत. याकॉर अराहानोव्ह, जे. रिचर्डगॉट, त्याआधी श्रोडिंगर, पॉल दिराक ह्यांच्यासह अनेकांनी ह्याबाबत गणितं केली. स्टिफन हॉकिंगनी त्यांचे विचार मांडले.

आम्ही कृष्ण विवर, सुपर स्ट्रिंग, वर्म होल वगैरे शब्द या पृथ्वीवर सर्वप्रथम ऐकले. आम्हाला त्यामागची सैद्धांतिक तत्त्वं कळली नाहीत. तुम्हाला कळली, पण तुम्ही पृथ्वी सोडून मनाला येईल तसा विश्वसंचार करू शकत नाही, आम्ही करू शकतो; हे सत्य आहे. तुमच्या दृष्टीनं कटू वाटेल, पण सत्य आहे.

आमच्या पृथ्वीवरही माणसंच राहतात. आम्हालाही इतिहास आहे. निरपेक्ष काल म्हणजे काय हे तुला ठाऊक आहे? म्हणजे मी तुला सांगतोय तेव्हा आपण तुमच्या पृथ्वीवर खिश्चनधर्माच्या संस्थापकाच्या मानद जन्मदिवसापासून काळ मोजतो; ते कालमापन तुम्ही वापरता. आमच्याकडे असा संदर्भ बिंदू नाही. तुमच्याकडं शिवाजी महाराज वावरले. त्यावेळी आमच्याकडं काय चाललं होतं, हे मी सांगू शकणार नाही. तुम्ही सापेक्ष काल वापरताय आम्ही तसा तो वापरत नाही.

कदाचित त्यामुळे असेल किंवा इतर काही कारणानं असेल आमच्याकडे साहित्य, कला ह्यांचा अभाव आहे. संगीत आहे. पण ते तुमच्या विश्वापेक्षा काहीसं भिन्न असं आहे. जेव्हा एक दिवस अचानक आम्ही पृथ्वीवर अवतरलो तेव्हा आम्हाला आमचंच, पण एक भिन्न घटना घडणारं जग दिसलं. आमच्या वृत्तीप्रमाणं हे का घडलं, कसं घडलं ह्याच्या मुळाशी जाण्याचा आम्ही प्रयत्नच केला नाही. गेल्या शे-सव्वाशे वर्षांत तुमच्याकडून आम्ही बऱ्याच गोष्टी शिकलो. गेल्या पाचदहा वर्षांत आम्ही तुमच्या पृथ्वीवरल्या माणसांत मिसळूही लागलो.

सैद्धांतिकदृष्ट्या आपण दोन समांतर विश्वांचे रहिवासी आहो का, कसं वगैरे मला ठाऊक नाही, विचारू नकोस. आमच्या काही शास्त्रज्ञांनी पृथ्वीवर ह्याबाबत मांडले गेलेले वेगवेगळे सिद्धांत अभ्यासले आहेत ते कदाचित तुला पुढं मागं ह्या गोष्टी समजावून सांगतील. मी आमच्या जगात कहाणीकार म्हणून प्रसिद्ध आहे. मी पृथ्वीवरल्या माणसांच्या कहाण्या तिकडं सांगतो. तुमच्याकडं लिखित स्वरूपात साहित्य असतं तसं आमच्याकडं नसतं. मी तुझ्यासारखे समाजात भरपूर वावरणारे पत्रकार, वकील अशा व्यक्तींना इथे आणतो. त्यांना खाऊपिऊ घालतो. त्यांना कधी संमोहनानं, तर कधी आमच्या खास अशा औषधींनी झोपवतो. तुमच्या मेंदूचं कार्य चालूच असतं. ते प्रक्षेपित करायची यंत्रणा आम्ही निर्माण केलीय. तुमची स्वप्नं मी पडद्यावर बघतो. त्यांच्या चित्रफिती करतो. त्यानंतर नीट पाहून मी आमच्या ग्रहावर ऐकवतो.'' ते बोलायचे थांबले. मी थक्क होऊन ऐकत होतो.

''म्हणजे तुम्ही आमची स्वप्नं चोरता तर?'' एकाएकी ते काय म्हणत होते त्याची बत्ती पेटून माझ्या तोंडून शब्द गेले.

''चोरता, हा शब्दप्रयोग चुकीचा आहे. तुमची स्वप्नं मी वापरतो.''

''आमच्या देशात, आमच्या देशातच काय, पण पृथ्वीवरल्या कुठल्याही देशात एखाद्या व्यक्तीच्या मालकीची गोष्ट त्या व्यक्तीच्या परवानगीशिवाय दुसऱ्यानं वापरणं हा गुन्हा मानला जातो.''

''पण आम्ही ती परवानगी घेणार होतोच. शिवाय तुमच्या पृथ्वीवरले कायदे आम्हाला लागू होतील असं तुला वाटतं?''

''परवानगी घेणार होता? कधी? माझ्या हे लक्षात आल्यावर! बरं, माझी परवानगी घेतलीत, असं क्षणभर गृहीत धरू. इतरांचं काय?''

''इतर कुणाची तुला माहिती आहे? चार नावं सांगू शकशील?'' ते पुन्हा हसले. त्या हसण्यात आत्मविश्वास होता त्यामुळे माझा राग आणखी वाढला खरा, पण त्यांच्या बोलण्यातलं तथ्य जाणवल्यावर तो लागलीच निवला. मी इथून सुखरूप बाहेर पडू शकेन का? हा प्रश्न आता माझ्या डोक्यात पिंगा घालू लागला.

ते पुन्हा हसले. ते आता काय बोलतात, ह्यावर कदाचित माझं भवितव्य अवलंबून होतं.

''हे बघ! इतके दिवस आम्ही काही प्रयोग करीत होतो. ते यशस्वी झाले. आता तुमची स्वप्नं फीतबद्ध करणं आम्हाला शक्य झालंय. त्यात तुमचा कोणताही तोटा नाही; हेही मी स्पष्ट करतो. तुमचा काही तोटा होत नाही हे तुला स्वत:वरूनही ठरवता येईल. स्वप्न प्रक्षेपणाच्या ह्या तंत्राचा तुमच्या मानसशास्त्रज्ञांनाही फायदा होईल. मी काही खरा पृथ्वीवासी नव्हे; म्हणजे तुमच्या पृथ्वीवर मी उपराच आहे. माझ्याबरोबरच सर्व सहकारीही उपरेच आहेत.'' ते बोलायचे थांबले. हे

बोलणं कुठल्या दिशेनं जाणार याची मला कल्पना नव्हती. बहुधा ते मला काही पैसे देऊन तोंड बंद ठेवायला सांगतील आणि ते न ऐकल्यास माझा जीव तरी घेतील किंवा ते म्हणतात तसे खरंच समांतर पृथ्वीवरले असले तर मला त्यांच्या ग्रहावर नेतील; तो एक माझं तोंड बंद करायचा मार्ग असू शकत होता; असे विचार माझ्या डोक्यात भराभर येऊन गेले खरे, पण त्यांना तसा काही अर्थ नव्हता.

तरीही ह्या शक्यतांमधून काय निर्माण होईल, हे माझं मन पडताळून पाहत होतंच. मी एका खेड्यातून शिकायला म्हणून ह्या शहरात आलो. इथेच लहानाचा मोठा झालो. आई-वडील गेल्यानंतर गावाशी संबंध उरला नाही. जवळचे नातेवाईक कुणीच नाहीत. खोली भाड्यानं घेतली होती, ती जुनी इमारत नवी होताना माझ्या नावावर झाली होती. मी कामानिमित्त बरेचदा चारचार, पाचपाच दिवस बेपत्ता होत होतो. मित्रांमधला एक म्हणजे जन्या. तो सोडला तर इतर दोनचार मित्र माझ्या रूमवर पार्टीची सोय होते म्हणून येणारे. म्हणजे मी बेपत्ता झालोच तर कुणाला पत्तादेखील लागणार नव्हता. लागलाच तर तेव्हा इतका वेळ मध्यंतरी निघून जाणार होता की मला कुणी शोधायला येईल ह्याचीही शक्यता उरणार नव्हती. वेळ काढायचा म्हणून मी म्हणालो,

''माझा तुम्ही फायदा करून देणार, तो कसा काय?''

''हे बघ, माणसाची स्वप्नं हे त्याच्या मनाचे भास असतात, खेळ असतात. ही तुमची स्वप्नं आम्ही करमणुकीसाठी वापरतो. अशा प्रकारे स्वप्नं प्रक्षेपित करून गोळा करायची यंत्रणा तुमच्या पृथ्वीवर नाही. तुला जर समजा, मी ह्या यंत्रणेचं गुपित सांगितलं, त्याचे एकाधिकार तुला मिळवून घ्यायला मदत केली, तर तू केवळ लक्षाधीशच होशील असं नाही, तर तुझं नाव पृथ्वीवर गाजेल. तुझ्यावर मानसन्मानांचा वर्षाव होईल!''

''हे यंत्र कुणी विकतच काय, फुकट दिलं तरी मी घेणार नाही.'' मी म्हणालो.

''तुला काही कळत नाही. पृथ्वीवर मानसिक ताणांमुळे आजारी पडणाऱ्यांची संख्या दिवसेंदिवस वाढतेय. नैराश्य रोग्यांचीही संख्या वाढते आहेच. सध्याचे तुमचे मानसोपचार ह्या समस्यांवर पुरे पडणारे नाहीत. जैवप्रतिसंभारण ज्याला इंग्रजीत बायोफीडबॅक तंत्र म्हणतात त्याचा ह्या अनारोग्यावर उपाय म्हणून वापर केला जाऊ शकतो. जर मानसोपचारतज्ज्ञांना हे स्वप्नदर्शी यंत्र मिळालं तर असे रोगी चिंतामुक्त व्हायला वेळ लागणार नाही. माझं ऐक-समजा, हे यंत्र कुणी विकत घेतलं नाहीच, तरी तुझा काय तोटा आहे? शिवाय आम्ही तुला दरमहा ठराविक रक्कम देऊच.''

''तुम्ही म्हणता ते मला मान्य आहे. पण तुम्ही मलाच का निवडावं, हा एक

प्रश्न आणि सहजासहजी हे तंत्रज्ञान मला का द्यावं, हा दुसरा प्रश्न माझ्यासमोर नाचतो आहेच.''

'तूच का' हा प्रश्न उत्तर द्यायला सोपा आहे. आम्ही आमचे दूत तुमच्या समाजात पेरले तेव्हा बहुश्रुत, सर्वसामान्य समाजातली म्हणजे अतिश्रीमंत नाही पण अगदीच गरीबही नाही, ज्ञानपिपासा असलेली व्यक्ती निवडावी असं ठरवलं होतं. त्यातला तू एक. आता तूच का? तर लॉटरी पद्धतीत तुझा क्रमांक लागला असं समज. हे तंत्रज्ञान जेव्हा लोकप्रिय होईल तेव्हा आम्हाला अनेक स्वप्नं सहजासहजी मिळतील. ती आमच्या जगात प्रक्षेपित करून आमच्या ग्रहवासीयांच्या करमणुकीची सोय सहज होऊ शकेल असं आम्हाला वाटतं. त्या यंत्रामधेच तशी सोय आहे. तेव्हा आमचंही काम झालं. ह्यामुळे दर रविवारी तुझ्यासारख्यांना आणायचे कष्ट वाचतील हे एक आणि तुला वाईट वाटेल, पण तुझ्यासारख्या सर्वसामान्य व्यक्तींची स्वप्नं अगदीच सपक आणि चाकोरीबद्ध असतात. हिंदी चित्रपट जसे फॉर्म्युलाबद्ध असतात तशीच तुम्हा मध्यमवर्गीयांची स्वप्नं असतात. मानसशास्त्रज्ञांकडे जाणाऱ्या व्यक्तींच्या मनात थोड्याफार प्रमाणात विकृती असते; म्हणजे त्यांचं मन चाकोरीबाहेर गेलेलं असतं. त्यांच्या स्वप्नात विविधता असते; ज्याप्रमाणे सेक्स आणि हिंसाचार असलेला चित्रपट तुमच्याकडे बघितला जातो; तद्द्वतच अशा विकृत स्वप्नांना आमचा प्रेक्षक भुलतो. हे यंत्र वेगवेगळ्या खुनी माणसांच्या विश्लेषणाला वापरलं जाईल असं मला वाटतं. माझ्या अंदाजनुसार अशा लोकांच्या विचारांच्या मानसिक प्रक्षेपणाला आमचा प्रेक्षक नक्कीच भुलेल. तुला काय वाटतं?''

मला काय वाटणार? मी त्यांना होकार दिला, हा इतिहास आहे. स्वप्न प्रक्षेपकाचा एकाधिकारही मला मिळाला. आज मी कोट्यधीश आहे, पण एक सांगतो, मी माझी स्वप्नं आता मात्र कधीच बघत नाही. ■

यंत्रमानवाची समीक्षा

''**यं**त्या, ए गाढवा! इकडे ये!'' लेखक ओरडला.

आपले मालक एवढा आरडाओरडा करू लागले की त्यांचा रक्तदाब वाढण्याची शक्यता असते; आणि या आरडाओरड्याची सुरुवात 'अगं!' या संबोधण्यानं जर झाली असेल, तर बहुधा मालकीणबाईच 'ओऽऽ' देतात; पण त्यांनी जरी प्रतिसाद दिला किंवा न दिला तरी हातातलं काम सोडून यंत्रमानव लेखकाच्या अभ्यासिकेच्या दिशेनं पावलं उचलू लागत असे. 'यंत्या, यंत्रमानवा,' अशा एखाद्या संबोधनानं जर सुरुवात असेल तर पुढच्या कुठल्याही प्राणिवाचक शब्दाचा अहेर किंवा विशेषण हे आपल्यासाठीच असतं, याची एव्हाना त्या यंत्रमानवास कल्पना येऊन चुकलेली होती. त्यामुळेच यंत्रमानव तातडीनं लेखक महोदयांच्या अभ्यासिकेत हजर झाला होता.

''काय मालक?'' तो म्हणाला.

''अरे काय, काय? हे बघ या मूर्खांनं काय लिहिलंय!''

यंत्रमानवानं त्या पुढं केलेल्या मासिकाकडे जर टाकली. मग ते हातात घेतलं. त्याचं क्रमविक्षण केलं. याला लेखक त्यांच्या मायबोलीत, म्हणजे मराठीत 'स्कॅनिंग' म्हणत. मग त्यानं तो मजकूर मालकांना परत दिला.

''काय वाचलंस?'' मालकानं विचारलं.

''आपल्या कथेवर त्यांनी अभिप्राय दिलाय!'' यंत्रमानव म्हणाला. तो 'आपला' जे म्हणाला, त्याला एक विशिष्ट अर्थ होता. मागं एकदा लेखक महोदयांनी एका यंत्रमानवाला एक कथा लिहायला सांगितली होती. त्यावेळी जो गोंधळ उडाला होता, ती हकिकत आपल्याला ठाऊकच आहे. तेव्हापासून यंत्रमानवांच्या संगणकी मेंदूला अशा गोष्टी झेपत नाहीत, तेव्हा त्या सांगू नयेत असा एक अलिखित पायंडा पडला होता. कारण, अशा हुकुमांनी होणारे नुकसान भरून काढण्याची जबाबदारी

हुकूम देणाऱ्यावर टाकण्यात येईल, असा एक कायदा करण्यात आला होता. ही सगळी हकिकत माहीत असूनही, बरेचदा काही जण विचार न करता, यंत्रमानवाला एक कथा लिहायची आज्ञा दिली होती. या वेळी ते एवढंच म्हणाले होते,

"हे बघ, यंत्या, लेका, मागच्या वेळेसारखा गोंधळ करू नकोस. सहज लिहिता आली तर लिही, नाहीतर एक आठवड्यानं तू मला आठवण कर, मग मी तुला कथा लिहायची म्हणजे काय ते सांगेन. उगीच या घटनेची हाक-बोंब मारू नकोस. नाहीतर असं कर, सध्या लेका विज्ञानकथेची चलती आहे. तू एक विज्ञानकथा लिही, म्हणजे कसं की, भविष्यकाळात काय घडू शकेल याच्यावर आधारित कथा लिही!''

तेव्हा यंत्रमानव म्हणाला, "साहेब, ते खरं हो, पण उद्या काय घडेल ते आज आपण नीट सांगू शकत नाही, तर भविष्यकाळात म्हणजे उद्याच काय, किंवा त्यानंतर परवा-तेरवा काय घडेल, हे कसं काय लिहिणार?''

यंत्रमानवाचा हा प्रश्न तर्कशुद्ध असा होता. तेव्हा लेखक महोदयांनी त्याल समजावणीच्या सुरात सांगितलं, "अरे, विज्ञानकथा म्हणजे काय, याबद्दल विज्ञानकथा लेखकांमध्ये तसं एकमत नाही. ज्याचा विज्ञानकथेचा अभ्यास नसतो, अशी माणसं दोन-चार वैज्ञानिक शब्द वापरतात आणि अशा कथेलाच 'विज्ञानकथा' म्हणतात. तू विज्ञानकथा म्हणजे काय हे समजावून घ्यायला गेलास, तर पुन्हा बंद पडशील. मी गेले काही दिवस विज्ञानकथा म्हणजे काय याच्या व्याख्या अभ्यासतोय. साधारणपणे, आजच्या विज्ञान-तंत्रज्ञानाची प्रगती भविष्यात कुठल्या दिशेनं होईल आणि तिचा माणसांवर, त्यांच्या परस्पर संबंधांवर आणि समाजावर कोणता परिणाम होईल, याचं चित्रण ज्या कथेत असतं ती विज्ञानकथा, असा एक सरासरी विचार गृहीत धर. त्यात यंत्राचं कार्य कसं चालतं याचं वर्णन असायची आवश्यकता नाही, म्हणजे असं बघ, सध्या यंत्रमानव-निर्मितीत बरेच प्रयोग चालू आहेत. तर, आजपासून पंधरा वर्षांनंतरचे यंत्रमानव कसे असतील, त्यांचा समाजावर कोणता परिणाम होईल, याचं चित्र तर उभं कर. मी तेव्हा जिवंत असेन हे गृहीत धरायला माझी हरकत नाही.''

लेखकानं हे सांगून टाकलं आणि यंत्रलेखकानं भविष्यकाळात यंत्रमानव कसे असतील यावर एक निबंध लिहिला. लेखकानं तो बघितला. त्यावर कोणतंही मत व्यक्त न करता, त्या निबंधाची त्यांनी थोडी काटछाट केली, थोड्या घटनांची त्यात भर घातली आणि ती कथा दिवाळी अंकाला पाठवून दिली. ती छापून आली. नंतर लेखकाच्या कथासंग्रहात यथावकाश तिचा समावेश होणार होता. दरम्यान काय झालं, की कुणीतरी या कथेवर परीक्षण लिहिलं. या परीक्षणकर्त्यानं खरं तर त्या

विज्ञानकथा विशेषांकाचं परीक्षण केलं होतं. या परीक्षणकर्त्यांचं एक बरं असतं. शेरेबाजी करायला अक्कल थोडीच लागते? ठोकून देतो ऐसा जे, असं ते परीक्षण होतं. तेव्हा, खरं तर लेखकानं ते मनावर घ्यायला नको होतं. त्यातच त्या परीक्षणकर्त्यांचा उथळपणा स्पष्ट दिसत असताना लेखकानं ते का मनावर घ्यावं, हा प्रश्न होताच; पण एक यंत्रमानव पंधरा वर्षांनी यंत्रमानव कसे असतील याचं वर्णन करतो, आणि स्वतःला त्यातलं काही समजत नसताना, परीक्षकानं त्या कथेला अवास्तव म्हणावं यामुळं लेखक जरासा रागावला. त्यामुळंच तर त्यानं यंत्रमानवाला बोलावून परीक्षण वाचायला लावलेलं होतं.

"मालक! आपला रक्तदाब वाढावा, असं यात काय आहे? या माणसाला तो काय लिहितोय हे कळत नाही, असं आपणच नेहमी म्हणता!''

"ते खरं रे! पण हा काय लिहितोय ते बघ! हे यंत्रमानव त्याचं कार्य कसं करतात, त्याची रचना कशी असते, ते बोलतात, चालतात, ते कसं घडतं याचं वर्णन कुठंच दिसत नाही!''

"मालक, तुमचंच एक इंग्रजी वाक्य तुम्हांला ऐकवतोय, माफ करा! ब्रेंडन बीटन नावाच्या लेखकानं हे फार पूर्वी लिहून ठेवलंय असंही तुम्ही सांगितलंय, पण दरवेळी तुम्ही या ब्रेंडन बीटनचं नाव घेत नाही, म्हणून मी ते तुमचं म्हटलं. हे वचन म्हणजे, 'Critics are like eunuchs in a harem. They know how it is done. They have seen it done every day, but they are unable to do it themselves,' असं असताना तुम्ही या कथेवरच्या टीकेला एवढं महत्त्व का देताय ते कळत नाही!''

"तुला ते कळणार कसे लेका! यंत्रमानवाचे परस्पर संबंध याबाबत तू मला जी माहिती दिली होतीस, त्यावरून मी इतकी सुंदर कथा लिहिली होती. यंत्र मानवांच्या परस्पर संबंधांची इतकी सविस्तर आणि खरीखुरी – राइट फ्रॉम अ रोबोट्स माउथ – माहिती या कथेत असताना, त्या गाढवानं यावर यातून यंत्रमानवाचं कार्य कसं चालतं हे स्पष्ट होत नाही. कथेले यंत्रमानव काढून त्या जागी साधे मानव घातले तरी चालतील असं लिहावं, याचं मला वाईट वाटतं. प्रत्यक्ष यंत्रमानवांचा सल्ला घ्यावा ही कल्पना आजमितीस कुठल्याही विज्ञान लेखकाला न सुचलेली कल्पना मी वापरली, ती या मूर्खाच्या गावीही नाही!'' संतापलेला लेखक श्वास घ्यायला थांबला. ती संधी साधून यंत्रमानव बोलू लागला.

"मालक! तुम्ही प्रत्यक्ष यंत्रमानवाचा सल्ला घ्यायचं ठरवलंत आणि तसा तो सल्ला घेऊन ही कथा लिहिलीत, हे त्या टीकाकाराला कळणार कसं? तुम्ही तर त्या कथेत तसं काही स्पष्टीकरण दिलेलं नाहीच. त्याला काही अंतर्ज्ञान असणार

नाही; तेव्हा तुमची ही मेहनत त्याला कळायचा कोणताही मार्ग उपलब्ध नसणार! दुसरं म्हणजे, त्याला आमची वागणूक माणसांसारखी वाटावी याचा खरं तर मी जर माणूस असतो, तर मला आनंद झाला असता; कारण आम्ही जास्तीतजास्त माणसांसारखं वागावं, हीच तर आमच्या निर्मात्यांची अपेक्षा असते.''

"बेट्या यंत्र्या! अरे तू माझा यंत्रमानव आहेस, की त्या चोराचा! तुला माणूस व्हायचं असेल तर बिरबलाची एक गोष्ट लक्षात ठेव! एकदम बिरबल आणि बादशहा शेतात हिंडत असताना बादशहा बिरबलाला म्हणाला,

'बिरबल, हा भोपळा बघितलास, ही तर माझी सगळ्यांत आवडती भाजी.' त्यावर बिरबल म्हणाला, 'होय, महाराज! भोपळ्यासारखी भाजी जगात शोधून सापडणार नाही.' नंतर काही दिवसांनी ते असेच बाजारात हिंडत असताना एका भाजीवाल्याकडे काही भोपळे दिसले. तेव्हा बादशहा म्हणाला, 'बिरबल, ते भोपळे बघ! हे काय फळ आहे का! एकदम बेकार!'

त्यावर बिरबल म्हणाला,'हो ना महाराज! लोक कशी काय ही भाजी विकत घेतात, काही कळत नाही?'

तेव्हा बादशहा बिरबलाला म्हणाला, 'कसं पकडलं चोरा! मागच्या आठवड्यात तर तू भोपळ्याच्या भाजीसारखी भाजी नाही म्हणत होतास आणि आता म्हणतोस की, भोपळ्याची भाजी लोक कशी काय विकत घेतात, समजत नाही!'

'होय महाराज! ते बरोबर आहे; कारण मी आपला नोकर आहे, भोपळ्याचा नाही! उद्या तुम्ही म्हणालात की, तो भाजीवाल्याचा बैल गाभण आहे, तर मी म्हणणार नववा महिना दिसतोय! शेवटी माझ्या जेवण्याखाण्याचा आणि कुटुंबाच्या पालनपोषणाचा भार आपण उचलताय, तो शेतकरी नाही!' काय कळलं?''

"हां! तो माणूस काहीतरी चुकीचं लिहितोय हे कळलं; पण मालक, मला एक सांगा. यंत्रमानव कसं कार्य करतो याचं स्पष्टीकरण या गृहस्थांनी मागितलं; पण त्या कथेत माणसंही आहेत, त्यांच कार्य कसं चालतं याचं स्पष्टीकरण मात्र त्यांनी सांगितलेलं नाही, हे कसं? त्या माणसानं असं म्हटलंय की, यंत्रमानव कसे निर्माण झाले, कुणी निर्माण केले याचं स्पष्टीकरण त्या कथेत नाही, पण माणसं कशी निर्माण झाली, याचं कुठं कुणी कथेतून स्पष्टीकरण देताना दिसत नाही. खरं तर, माणसाच्या मेंदूचं कार्य नक्की कसं चालतं हे स्पष्ट नाही, त्याच्यात जीव केव्हा भरला जातो हे स्पष्ट नाही, पहिला माणूस कसा आणि कुठं निर्माण झाला याच्याबद्दल वाद आहे, दोन माणसे एकसारखा विचार करत नाहीत आणि एकसारखी वागत नाहीत ते का, हे अजून कुणाला कळलेले नाही; पण तुमच्या कथा-कादंबऱ्यांत मात्र तसं का घडलं याचं कधी स्पष्टीकरण नसतं. त्या माणसाच्या मेंदूत कुठले स्राव निर्माण झाल्यामुळं तो चिडला आणि सूड घ्यायला निघाला, हे कुणीच

कधी सांगत नाही आणि आम्ही आमचा मेंदू संगणकी आहे, एवढं स्पष्टीकरण देतो, मात्र तुम्हाला ते पुरत नाही.''

''यंव रे गब्रू! आता माझी बाजू कशी घेतलीय, फस्क्लास! अरे, यांच्या कथांतून मोटारी असतात, फ्रिज असतात, पंखे फिरतात, एसी खोल्या असतात, विमानं असतात. त्या सगळ्यांचं कार्य कसं चालतं याची माहिती करून न घेता कथेत आलेल्या चालतात; पण जेव्हा पंधरा-वीस वर्षांनंतर तुम्ही स्वत: माणसासारखं वागू लागलेले असाल, त्या वेळची माणसं तरी यंत्रमानव कसं कार्य करतो याचा विचार करणार आहेत का? पण यांना त्या काळात मनानं जाताच येत नाही ना? त्यामुळं अशी भंगार टीका ही मंडळी करतात.''

''मालक, आता मला असं वाटायला लागलंय की आपण या संभाषणाचीच कथा करा, ती छापून आणा म्हणजे मग लोकांना आपोआप काय ते कळेल; नाहीतर त्यांना सांगा, की माणसं कशी तयार होतात आणि कसं कार्य करतात ते तुमच्या कथांतून लिहा आणि मगच त्यांना चांगल्या कथा म्हणा!''

''यंत्या, अरे माणसं कशी निर्माण होतात आणि कशी जन्माला येतात, ते मेडिकलच्या पुस्तकात असतं. ते कथा-कादंबऱ्यांत गृहीत धरलेलं असतं. कथा-कादंबऱ्या म्हणजे अभ्यासाची पुस्तकं नव्हेत, आणि तू म्हणतोस तसं ते छापलं गेलं तर लेखकाला आणि प्रकाशकाला आत घालतील.''

''मालक, तुम्हां माणसांचं मला नेमकं हेच कळत नाही. यंत्रमानव मानवासारखे व्हावेत म्हणून तुम्ही प्रयत्न करता; पण कथा-कादंबऱ्यांत त्याला वेगळा न्याय लावता. बरंय, आम्ही माणसं नाही आहोत ते, नाहीतर रोज आमची इलेक्ट्रॉनिक मंडलं जळून गेली असती.''

हे ऐकून लेखकानं यंत्याला चहा आणायला पाठवलं आणि तो संगणकासमोर बसून पुढच्या कथेचं लेखन करू लागला.

■

ज्याचं करावं भलं...

निरंजन घाटे

'निरंजन'च्या लेखनातला सूक्ष्म विनोद मला फार आवडतो, असं श्री. घाटे यांचे बरेच लेखकमित्र आणि वाचकमित्र म्हणतात. श्री. घाटे यांनी उमेदीच्या काळात 'मनोहर'मध्ये 'मेरी गो राऊंड' हे हलकं फुलकं, विनोदाची झाक असलेलं सदर चालवलं होतं. याशिवाय 'वटवट' नावाच्या विनोदाला वाहिलेल्या मासिकाची बरीच जबाबदारी – विशेषत: पानं भरायची जबाबदारी घाटे यांच्यावर असे.

घाटे यांना जवळून ओळखणाऱ्यांना घाटे यांच्याकडे असलेल्या विनोदांचा साझा किती मोठा आहे याची कल्पना आहेच; पण त्यांच्या बोलण्यातला मिस्कीलतेचा भावही ते विसरू शकत नाहीत.

घाटे यांच्या मूळ स्वभावाचा परिचय करून देणाऱ्या या एक प्रकारे गप्पाच आहेत.

ते विज्ञानलेखनाकडे वळले आणि त्यांचं असं हलकं फुलकं लेखन मागं पडलं.

'ज्याचं करावं भलं' द्वारा या त्यांच्या कथांना पुन्हा उजाळा मिळतोय, ही एक चांगली गोष्ट आहे. या कथांमुळे तत्कालीन तरुणाईचंही दर्शन आजच्या वाचकाला होईल.